［畜禽疾病诊疗手册丛书］

禽病诊疗手册

曲鸿飞　李金祥　闫宏强　主编

中国农业科学技术出版社

图书在版编目 (CIP) 数据

禽病诊疗手册 / 曲鸿飞 , 李金祥 , 闫宏强主编 . —
北京 : 中国农业科学技术出版社 , 2018.6
（畜禽疾病诊疗手册丛书）
ISBN 978-7-5116-3707-9

Ⅰ . ①禽… Ⅱ . ①曲… ②李… ③闫… Ⅲ . ①禽病—
诊疗—手册 Ⅳ . ① S858.3-62

中国版本图书馆 CIP 数据核字 (2018) 第 106389 号

本书由国家重点研发计划资助，项目编号 2016YFD0500808

责任编辑　李冠桥
责任校对　李向荣

出 版 者　中国农业科学技术出版社
　　　　　北京市中关村南大街 12 号　邮编：100081
电　　话　（010）82109705（编辑室）　　（010）82109702（发行部）
　　　　　（010）82109709（读者服务部）
传　　真　（010）82106625
网　　址　http://www.CASTP.cn
经 销 者　各地新华书店
印 刷 者　北京科信印刷有限公司
开　　本　710mm×1 000mm　　1/16
印　　张　9.5
字　　数　169 千字
版　　次　2018 年 6 月第 1 版　　2018 年 6 月第 1 次印刷
定　　价　67.00 元

《畜禽疾病诊疗手册》
丛书编委会

主　　编：李金祥

副 主 编：吴文学　王中杰　苏　丹　曲鸿飞

编　　委：（以姓氏拼音为序）

常天明　高　光　蒋　菲　李冠桥　李金祥　李秀波

李旭妮　梁锐萍　刘魁之　孟庆更　曲鸿飞　苏　丹

滕　颖　王　瑞　王天坤　王中杰　吴文学　肖　璐

闫宏强　闫庆健　张海燕　邹　杰

策　　划：李金祥　闫庆健　林聚家

序

我国是畜禽饲养大国，畜禽养殖规模和产量已经连续多年稳居世界第一。但是，由于产业结构、饲养规模和生产方式的变化以及防疫水平等原因，畜禽疫病的流行病学规律也在发生变化，近几年全国各地暴发畜禽疫病的报道屡见不鲜。畜禽疫病暴发不仅给养殖场造成巨大损失，也让广大消费者对畜禽产品质量安全忧心忡忡。

我国畜牧业"十三五"规划的整体目标中提到：到2020年，畜牧业可持续发展取得初步成效，经济、社会、生态效益明显。畜牧业发展方式转变取得积极进展，畜牧业综合生产能力稳步提升，结构更加优化，畜产品质量安全水平不断提高。为了实现畜禽产品供给和畜产品质量安全、生态安全和农民持续增收，我国兽医行业"十三五"发展总体思路中提出：进一步加强兽医科技人才队伍建设，增强自主创新能力，加强兽医基础研究，加强科技推广，提高兽医科技整体水平，进一步提高兽医人才队伍素质，为兽医事业发展提供更加坚实的科技保障。这就给广大兽医科研工作者指明了近期的工作任务与方向，同时也给基层兽医工作者在畜禽疫病的诊断和防治方面提出了新的技术要求。

因此，切实提高基层兽医工作者的临床诊断水平和疫病综合防治能力，是我国兽医工作面临的重大课题。基于此，我们邀请从事畜禽疾病研究并具有丰富临床兽医经验的中国农业大学动物医学院吴文学教授等专家撰写了一套《畜禽疾病诊疗手册》丛书。

该套丛书以解决基层兽医工作者实际需求为目标进行策划，力求实用，采用大量病例和临床照片，以图文并茂形式解读了家畜家禽疾病的发生环境、临床症状、病理变化以及预防、治疗措施等内容。这些内容对临床兽医工作者和饲养管理人员来说都是应当掌握的，其中，疾病诊断要点和综合防治措施尤为重要，是每个疾病诊疗的重点，典型症状包括对疾病诊断有帮助的临床症状和解剖变化。

该书立足文字简洁、技术实用、措施得当、便于操作，通俗易懂，直观生动，参照性强，是畜禽养殖者、基层兽医工作者的案头必备工具书，同时也是大专院校学生从业的重要参考工具书。

希望该书的出版能对兽医科技推广工作有所裨益，进一步提高基层兽医工作者的综合业务素质，确保畜禽产品供给和畜产品质量安全、生态安全和农民持续增收，为实现我国畜牧业"十三五"发展规划的任务目标贡献一份力量。

中国农业科学院副院长

李名梯

前言

近年来我国养禽业发展迅速，逐步步入集约化和标准化生产，但疾病的流行也更加广泛，一些疾病出现了非典型和温和型，混合感染十分严重，这一切都给养禽场的疾病控制带来很大困难。与此相对应的是养禽场的诊断水平和技术比较落后，不能及时、准确地对疾病进行诊断。只有早诊断、早治疗才能将损失降到最低，基于这种现状，我们编写了本书，期望能对兽医工作者有所帮助。

我们根据临床经验，采用类症方法对目前常见的禽病从临床症状、病理变化、诊断要点和防治措施进行了较为详尽的介绍，内容安排注重科学性、先进性、系统性和实用性。在写作上力求通俗易懂、简明扼要，注重实际操作，同时附有典型临床和病理解剖图谱，以便于广大畜牧兽医技术人员和养殖户在诊治疾病时查阅。

尽管我们尽力将本书编写为一本具有实用价值的工具书，但由于理论和实践水平有限，书中不妥、错误之处在所难免，衷心希望专家和读者提出宝贵意见，以便我们提高并在再版时更正。

本书在编写过程中，得到众多同仁们的大力支持，在此谨致以诚挚的谢意。

目录

>> 第**一**章
常见呼吸系统疾病

第一节　禽流感

一、概述

禽流感是禽流行性感冒的简称，它是由 A 型流感病毒引起的家禽和野禽的一种从无临床症状到呼吸系统疾病和产蛋下降，或严重的全身症状的传染病。

二、流行病学

家禽中以鸡和火鸡的易感性最高，其次是珍珠鸡、鹧鸪、鸽子、鹌鹑、雉鸡、石鸡、鹅和鸭等，野禽如野鸡、野鸭、野鹅、鸵鸟、燕鸥、天鹅，苍鹭等也易感染。

病禽和带毒禽是主要传染源，特别是鸭带毒比其他禽类严重。带毒候鸟和野生水禽在迁徙中，沿途散播禽流感病毒。曾经分离到禽流感病毒的禽类有燕子、麻雀、乌鸦、斑鸭、鹤、八哥、鹦鹉、苍鹭等。本病传播途径为气源呼吸道和通过排泄物或分泌物经口传染，亦可经损伤的皮肤和眼结膜传染。

发病或带毒水禽造成水源和环境污染，对扩散本病有特别重要意义。母鸡感染可造成蛋壳和蛋内容物带毒。禽流感病毒可使鸡胚致死，蛋内污染病毒的种蛋不能孵出雏鸡。禽流感的发病率和死亡率差异很大，这取决于禽的种类和感染的血清型以及年龄、环境和有无并发感染等。

本病一年四季均能发生，但在天气骤变的晚秋、早春以及寒冷的冬季多发。饲养管理不当，营养不良和内外寄生虫侵袭均可促进本病的发生和流行。

三、临床症状

潜伏期一般为 3 ~ 5 天。潜伏期的长短与病毒的致病性高低、感染强度、感染途径和感染禽的种类及日龄等有关。

1. 高致病性禽流感

鸡和火鸡：多数情况下不出现前驱症状，发病后急剧死亡，死亡通常发生在感染后的 1 ~ 2 天。病情较缓和的主要表现精神沉郁，体温迅速升高，可达 42℃以上。采食饮水明显减少。冠和肉髯肿胀、发绀、出血甚至坏死。头颈及眼睑肿胀，眼结膜潮红，有分泌物（图 1-1）。流涕、咳嗽、呼吸困难。口腔中黏性分泌物增多。下痢，粪便呈黄绿色（图1-2）并带有多量黏液或血液。有的鸡腿部皮下和鸡脚鳞片出血、变色，附关节肿胀（图1-3、图1-4）。蛋鸡产蛋量急剧下降，或几乎完全停止，同时蛋壳变薄、褪色，无壳蛋、畸形蛋增多，种蛋受精率和受精蛋的孵化率明显下降。有的病鸡出现头颈震颤、转圈、共济失调不能站立等神经症状。鸡舍异常安静，因为鸡的活动性下降。发病率和病死率达50%～89%。有些鸡群达100%。

图1-1　病鸡肿睑、流泪

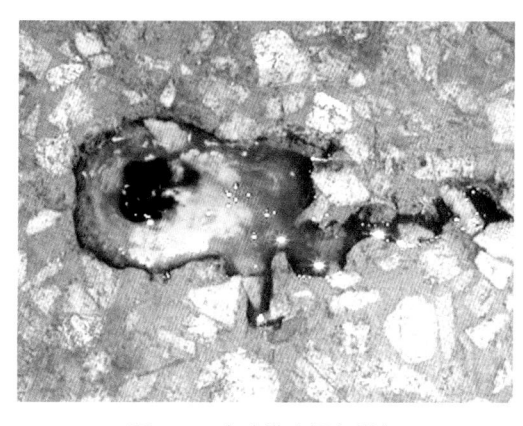

图1-2　病鸡排出绿色粪便

图1-3　病鸡爪部出血

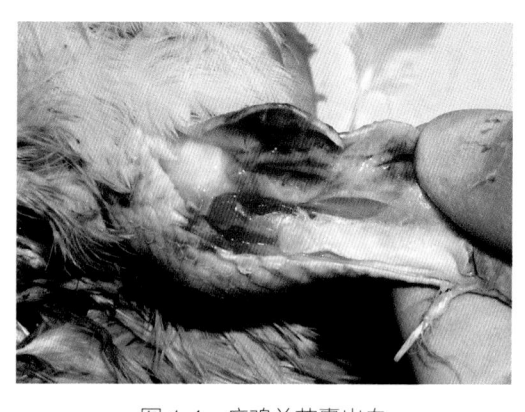

图1-4　病鸡关节囊出血

　　家鸭和鹅：潜伏期3～7天，主要表现头肿，眼分泌物增多。鼻窦肿胀，有黏液性分泌物，一侧或两侧眶下窦肿胀，呼吸困难、张口喘息。拉黄绿色稀便，有时可出现角膜炎症，甚至失明。青年鸭鹅有头颈扭曲等神经症状。产蛋鸭产蛋下降，突然死亡，急性病例病死率达100%。慢性病例，羽毛松乱，生长发育缓慢。

　　鸽子：潜伏期一般为3～5天，常无先兆症状而突然死亡。病程稍长者会现体温升高（44℃以上），食欲减退，流涕、流泪和结膜炎，头颈和胸部肿胀，呼吸困难，严重的可窒息死亡。排灰绿色或红色稀便。有的出现神经症状。通常发病后几小时至 5 天死亡，病死率 50% ～100%。慢性经过的以咳嗽、呼吸困难为特征。

2. 低致病性禽流感

野禽感染后大多不产生临诊症状。本病多发于 1 月龄以上的家禽，主要是成年产蛋鸡感染发病，鹌鹑、鸭、鹅亦可感染发病。也有 15 日龄鸡发病的报道。潜伏期从几小时至 3 天不等。由于家禽的种类、年龄和有无并发症以及外界环境的不同，表现的症状差异很大。主要表现精神沉郁、不愿活动、采食量下降、产蛋下降，下降幅度为 30% ～90%。轻度至严重的呼吸道症状，咳嗽、喷嚏、出现啰音，流泪。头部、肉髯水肿、发绀。间或排黄白绿稀便。蛋壳颜色变淡，破壳蛋增加。病程 7 ～10 天，若继发大肠杆菌病等，症状加重，病死率 3% ～30%。病愈后产蛋恢复需要 30～60 天不等，产蛋率仅能恢复到原来的 70% ～90%，在恢复阶段，蛋壳质量非常差，有大量的无壳蛋、薄壳蛋、软皮蛋、沙皮蛋、小蛋、无黄蛋等。

四、病理变化

高致病性禽流感最急性的无明显的病理变化。

急性型病鸡常因头、眼睑、颈和胸等部位肿胀组织呈淡黄色。内脏器官较固定的病变是浆膜或黏膜面的出血和实质脏器的坏死灶。口腔、腺胃、十二指肠和盲肠扁桃体出血，肌胃角质层下出血、溃疡。胸部肌肉，腹壁脂肪有点状出血。气管黏膜水肿，并伴有浆液到干酪样渗出物。胰脏常有淡黄色坏死点和暗红色区域。肝脏、脾脏、肾脏和肺常可见到坏死灶。气囊增厚并有纤维素性或干酪样渗出物。心冠脂肪和心外膜出血，心包积液，心肌软化条纹状坏死（图 1-5）。法氏囊和胸腺萎缩或呈黄色水肿、充血、出血。母鸡卵泡充血、出血、变形、卵黄液稀薄，严重者卵泡破裂，常见卵黄性腹膜炎（图 1-6，图 1-7）。输卵管水肿、充血，内有黏液或干酪样物质。公鸡睾丸变性坏死。家鸭和鸡类似，但不明显。火鸡常出现纤维素性肠炎和盲肠炎。

低致病性禽流感鸡冠轻度发绀，有的病鸡头颈部皮下胶样浸润。病变主要在呼吸道，尤其是窦的损害。眶下窦有浆液性

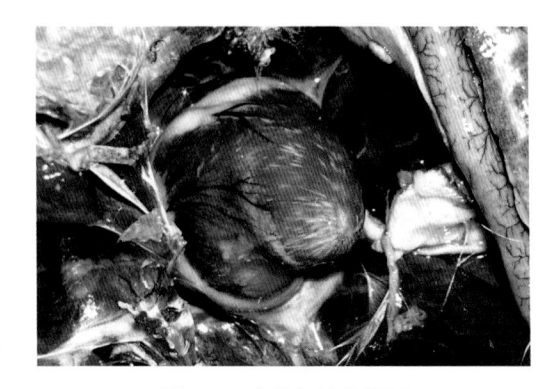

图 1-5　心肌条纹状坏死

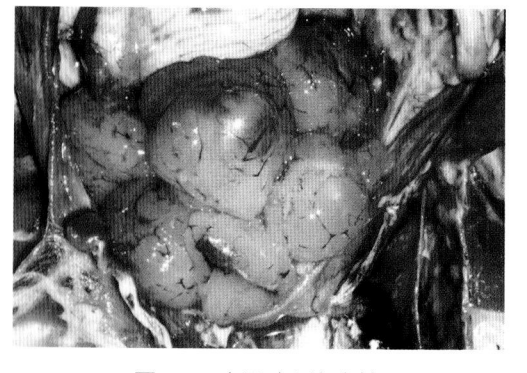

图 1-6　产蛋鸡卵泡变性

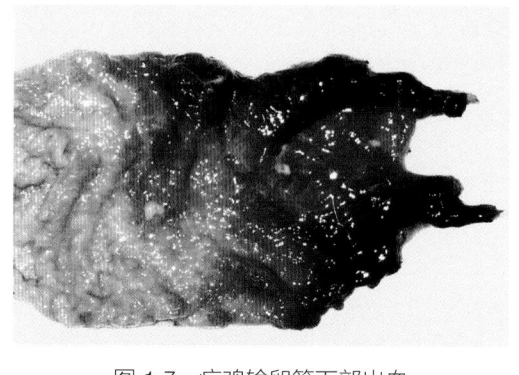

图 1-7　病鸡输卵管下部出血

到浆液浓性渗出物。喉头有针尖大出血点，气管黏膜水肿、充血并间有出血，气管黏液从浆液到干酪样物不等，有时造成气管阻塞。若继发细菌感染导致纤维素性支气管肺炎。盲肠到小肠和腹腔有卡他性到纤维素性炎症。腹腔可看到卵黄性腹膜炎。有些鸡肾脏肿胀，有尿酸盐沉积。胰腺带白斑。卵泡充血、出血、变形。若继发大肠杆菌病，可见典型的纤维素性气囊炎、心包炎、肝周炎和输卵管炎。鸭 MPAI 也发生窦炎、结膜炎和其他呼吸道损害。

五、诊断

禽流感的快速和准确诊断是及早控制该病暴发流行的必要环节，尤其是确诊鸡群中是否存在 HPAI 感染，对决定养殖场家禽是否需要隔离检疫及扑杀十分重要。禽流感确诊可通过从待检样本（如组织、拭子、鸡胚等）中直接检测禽流感病毒蛋白或核酸，以及血清学检测进行初步诊断，可采用病毒分离与鉴定的方法达到进一步确诊的目的。可参照 GB/T 18936-2003《高致病性禽流感诊断技术》，NY/T 772-2013《禽流感病毒 RT-PCR 检测方法》等国家或行业标准进行诊断。

六、防治

禽流感的防控主要采取扑杀、强制性免疫和生物安全相结合的扑灭措施。

（1）平时综合预防措施。养禽场实行全进全出饲养方式，控制人员、车辆出入，严格规范消毒。鸡和水禽禁止混养，养鸡场与水禽饲养场应相互间隔 3000 以上，且不得共用同一水源。养禽场要有良好的防止外来禽鸟（包括水禽）进入饲养区的设施。严禁从疫区或可疑地区引进家禽或禽制品。

（2）免疫接种。禽流感病毒抗原血清型多，且易发生变异，不仅有许多亚型，而且各个亚型之间有一定的抗原性差异，缺乏明显的交叉保护作用，所以疫苗研制很困难。目前预防禽流感还没有理想的疫苗。常规的卫生防疫措施仍是目前防制本病的主要手段。目前在临床应用的疫苗有禽流感灭活苗、H5N1重组禽流感病毒灭活苗、禽流感H5和H9二联苗、H5亚型禽流感-新城疫重组活疫苗等。尚在研制中的DNA疫苗，是一种安全且易长期保存的疫苗。有条件的鸡场要进行鸡群免疫状态与抗体效价的检测。

（3）发病时的措施。当发生低致病性禽流感时，在严格隔离的情况下，可以用抗病毒药物板蓝根、大青叶等治疗，可缓解病情，同时注意预防继发感染。当发生高致病性禽流感时，因发病急，发病率和死亡率很高，目前尚无治疗方法。根据国家制定的《重大动物疫情应急条例》和《高致病性禽流感应急预案》规定，对高致病性禽流感的防控措施包括：疫情报告、疫情诊断、疫点疫区的划分、隔离封锁、扑杀销毁、环境消毒、紧急免疫接种和经费来源等。

第二节　新城疫

一、概述

新城疫也称亚洲鸡瘟或伪鸡瘟，我国民间俗称"鸡瘟"，是由新城疫病毒引起鸡和火鸡的一种急性、热性、高度接触性传染病，常呈败血症经过，其特征是高热、呼吸困难、下痢、神经症状、浆膜和黏膜出血，发病率和致死率都很高。

本病1926年首次发现于印度尼西亚，同年发现于英国新城，根据发现地名命名为新城疫。本病现流行于世界各地，也是我国严重危害养鸡业的主要疫病之一。世界动物卫生组织（OIE）将其列为A类疫病，我国将其列为一类动物疫病。

二、流行病学

在自然条件下，本病主要发生于鸡、火鸡和鸽子，但近年来在我国常对鹅严重致病。野鸭、野鸡、鹌鹑、斑鸠、乌鸦、麻雀、八哥、燕子等其他自由飞翔的或笼养的鸟类大部分也能自然感染本病或伴有临诊症状或呈隐性经过。在所有易感禽中，以鸡最易感，不同品种和各种日龄的鸡均可感染，但幼雏和中雏易感性最高，两年以上的鸡易感性较低。

该病一年四季均可发生，但以春秋较多。鸡场内鸡一旦发生本病，未免疫易感鸡群感染时，4～5天可波及全群，发病率、死亡率可高达90%以上；免疫效果不好的鸡群感染时症状不典型，发病率、死亡率较低。

三、临床症状

自然感染的潜伏期一般为2～14天，平均为5天。根据临诊表现和病程的长短，本病分为典型新城疫和非典型新城疫两种病型。

1. 典型新城疫

当非免疫鸡群或严重免疫失败的鸡群受到强毒株感染时，可引起典型新城疫的暴发，发病率和死亡率可高达90%以上。典型新城疫往往发生在流行初期，鸡群突然发病，常无明显症状而出现个别鸡只迅速死亡，各种年龄的鸡都可发生，但以30～50日龄的鸡多发。

随后在感染鸡群中出现比较典型的症状，病鸡体温升高达43～44℃，食欲减退或废绝，垂头缩颈，鸡冠及肉髯渐变暗红色或紫黑色（图1-8）。咳嗽，呼吸困难，有黏液性鼻漏，常伸头，张口呼吸，并发出"咯咯"的喘鸣声。口流黏液，嗉囊内充满液体内容物，倒提时常有大量酸臭液体从口内流出。粪便稀薄，呈黄绿色或黄白色，后期排蛋清样粪便。随病程发展，有的病鸡还出现神经症状，如翅、腿麻痹，转圈，头颈歪斜或后仰，病鸡动作失调，反复发作，最终瘫痪或半瘫痪，最后体温下降，不久死亡（图1-9）。病程2～5天，1月龄内的雏鸡病程较短，症状不明显，病死率高；成年母鸡在发病初期产蛋量急剧下降，产软壳蛋等畸形蛋或停止产蛋。

2. 非典型新城疫

鸡群在具备一定免疫水平时遭受强毒攻击而发生的一种表现形式。主要是由于雏

图1-8 病鸡精神萎靡，鸡冠发紫

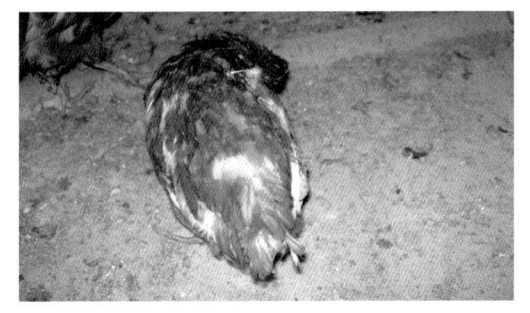

图1-9 病鸡表现"扭脖"的神经症状

鸡的母源抗体含量高，接种新城疫疫苗后，不能获得坚强的免疫力；或因免疫后时间较长，保护力下降到临界水平，而鸡群内本身存在新城疫病毒强毒循环传播；或有其他免疫抑制性疾病存在；或免疫程序不合理、抗体不整齐、疫苗质量不佳或免疫剂量不足等原因，当强毒侵入时，仍可发生新城疫。其主要特点是病情比较缓和，症状不很典型，仅表现呼吸道症状和神经症状，其发病率和病死率变动幅度大，可从百分之几到百分之十几。

雏鸡：常见呼吸道症状，张口伸颈，气喘，咳嗽，口有黏液，有摇头或吞咽动作（图1-10），并出现零星死亡。拉绿色稀粪，1周左右大部分鸡趋向好转，病程稍长者少数出现神经症状，如歪头，扭脖或呈仰面观星状，翅腿麻痹，稍遇刺激或惊扰，全身抽搐就地旋转，数分钟后又恢复正常。

青年鸡：常见于二次弱毒苗（Ⅱ系或Ⅳ系）接种之后，病鸡排黄绿色稀粪，呼吸困难，10%左右出现神经症状（图1-11）。

图1-10　病鸡张口呼吸

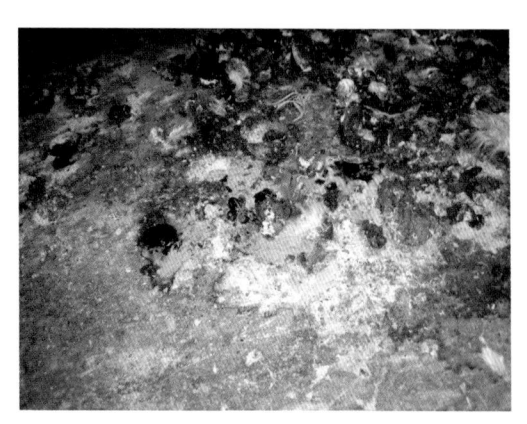

图1-11　病鸡排出黄绿色粪便

成年鸡：症状不明显，仅表现呼吸道和神经症状，其发病率和病死率低，有时产蛋鸡仅表现产蛋下降，幅度为10%～30%，并出现畸形蛋、软壳蛋和糙皮蛋，半个月后逐渐回升，但要2～3个月才能恢复正常。

各种年龄的鹅对新城疫均敏感，病鹅表现食欲废绝，肿头，流泪，排带血的绿色稀便，有些鹅在后期出现神经症状，产蛋鹅产蛋量下降明显。估计平均发病率和死亡率分别为20%和10%左右。

鹌鹑感染新城疫，表现神经症状，死亡率较高，成年鹌鹑为隐性感染。鸽新城疫主要表现腹泻和神经症状，乳鸽多为急性经过，大批死亡；成年鸽多为亚急性或慢性经过。鸵鸟、火鸡新城疫与鸡相同，主要发生于雏火鸡，但发病率和死亡率低于鸡。

人亦可感染新城疫，感染后可表现结膜炎、头痛等类似流感症状。

四、病理变化

典型新城疫主要病变为全身黏膜、浆膜出血和坏死，尤其以消化道和呼吸道最为明显。个别死鸡可见胸骨内面及心外膜上有出血点。口腔有大量黏液，嗉囊内充满多量酸臭液体和气体，在食管与腺胃、腺胃与肌胃交界处常见有条状或不规则出血斑，腺胃黏膜水肿，其乳头或乳头间有明显的出血点，或有溃疡和坏死，这是比较特征的病变。肌胃角质层下也常见有出血点，有时形成溃疡。由小肠到盲肠和直肠黏膜有大小不等的出血点，肠黏膜上有时可见到"岛屿状或枣核状溃疡灶"，有的在黏膜上形成假膜，假膜脱落后即成溃疡，这亦是本病的一个特征性病理变化。盲肠扁桃体常见肿大、出血和坏死（枣核样坏死）。严重者肠系膜及腹腔脂肪上可见出血点。喉头、气管黏膜充血，偶有出血，肺有时可见瘀血或水肿。心外膜、心冠脂肪有细小如针尖大的出血点。产蛋母鸡的卵泡和输卵管显著充血，卵膜破裂卵黄流入腹腔引起卵黄性腹膜炎。脑膜充血或出血。肝、脾、肾无特殊病变（图1-12～图1-16）。

非典型新城疫病理变化不明显，仅见黏膜出现卡他性炎症，喉头和气管黏膜充血，以及小肠有不同程度的出血，直肠黏膜弥漫性出血。腺胃乳头出血很少见到，但多剖检一些鸡只，可见有的病鸡腺胃乳头有少数出血点，直肠黏膜和盲肠扁桃体多见出血（图1-17）。

鸽子新城疫主要病变是消化道肠道有出血性炎症。有的病例在腺胃、肌胃角质层下有出血点，颈部皮下有少量出血点（图1-18，图1-19）。

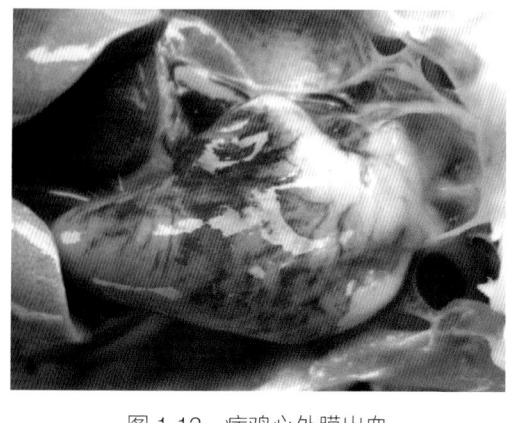

图1-12　病鸡心外膜出血

图1-13　心冠脂肪出血点

图 1-14　胸骨内表面有出血点

图 1-15　腹腔脂肪出血

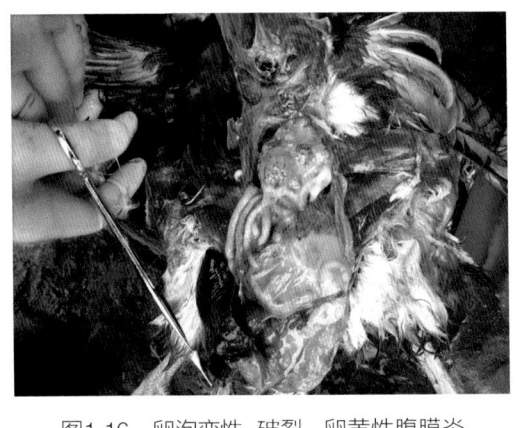

图1-16　卵泡变性、破裂，卵黄性腹膜炎

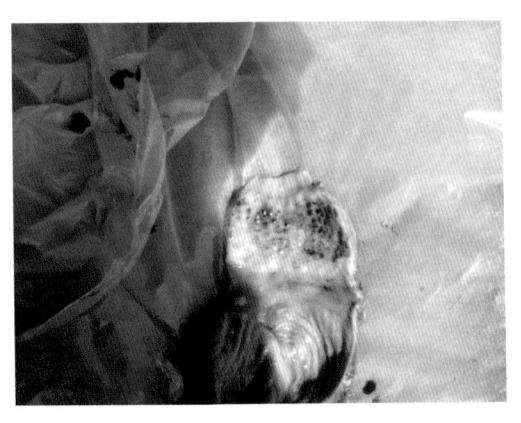

图 1-17　腺胃乳头出血

图 1-18　肌胃角质层下出血

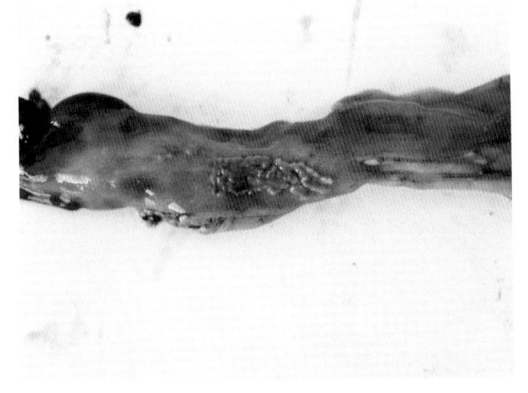

图 1-19　肠黏膜出血、溃疡

　　鹅的特征性病变为广泛性渗出和出血坏死，尤其以消化道、脾脏、胰脏等病变严重。

五、诊断

新城疫常发生大规模流行，且临床发病症状或病理变化因感染毒株、宿主不同等因素影响而差异较大。因此，新城疫的确诊及分离鉴定对于该病的防控极为重要。通常有病毒分离，分子生物学技术及血清学试验几种方法。病毒分离虽耗时但仍然很重要，对研究新城疫病毒的特性以及后续疫苗研究等工作意义重大。目前，通过 RT-PCR 技术可直接从感染禽的临床样品中快速地检测到病毒。使用特异的扩增引物和探针，不仅能鉴定样品中是否存在新城疫病毒，还可通过 PCR 测序等手段鉴定出不同致病型病毒，同时区分疫苗株感染和野毒株感染，为疫情防控提供重要信息。血清学试验对于诊断的意义在于动物免疫后，可通过血清学检查判断免疫是否成功，家禽是否已产生相应的抗体以对抗该病的发生。具体诊断方法可参考国家标准 GB/T 16550-2008《新城疫诊断技术》或中华人民共和国出入境检验检疫行业标准 SN/T 0764-2011《新城疫检疫技术规范》。

六、防治

1. 严格采取生物安全措施

日常坚持隔离、卫生消毒制度，防止一切带毒动物和污染物品进入鸡群，进出人员、车辆及用具严格消毒。

2. 预防接种

鸡新城疫疫苗种类很多，但总体上分为弱毒活苗和灭活苗两大类。

弱毒活疫苗：国内使用的有Ⅰ系苗（Mukteswar 株）、Ⅱ系苗（HBl 株）、Ⅲ系苗（F 株）、Ⅳ系苗（Lasota 株）和 Clone30 等。Ⅰ系苗毒力稍强，已禁用。

Ⅱ系苗毒力最弱，Ⅲ系苗比Ⅱ系毒力稍强，Ⅳ系苗比Ⅰ系弱，比Ⅲ系毒力强。Ⅱ系、Ⅲ系、Ⅳ系和 Clone30 弱毒疫苗，大小鸡均可使用，多采用滴鼻、点眼、饮水及气雾免疫。当气雾免疫时，若鸡群存在支原体、大肠杆菌和其他呼吸道病毒感染则易诱发呼吸道病的发生，因而使用气雾免疫接种时应慎重。目前应用最广的是Ⅳ系苗及其克隆株（Clone30），可应用于任何日龄的鸡。Ⅱ系苗常用于小鸡首免。

灭活苗：多与弱毒苗配合使用。灭活苗接种后 21 天产生免疫力，产生的抗体水平高而均匀，因不受母源抗体干扰，免疫力可持续半年以上。

母源抗体对新城疫免疫应答有很大的影响，雏鸡在 3 日龄时抗体滴度最高，以后逐渐下降。在有条件的鸡场，根据对鸡群 HI 抗体免疫监测结果确定初次免疫和再次免疫的时间。

3. 注意防治免疫抑制性疾病

一旦鸡群患上马立克氏病、传染性法氏囊病、白血病、网状内皮组织增生症等免疫抑制性疾病，此时接种新城疫疫苗，产生抗体水平较低，严重的甚至无抗体产生。

4. 发生新城疫时的扑灭措施

新城疫是 A 类传染病，发生本病时应按《动物防疫法》及其有关规定处理。主要措施有：对被污染的用具、物品和环境要彻底消毒，病鸡和死鸡尸体深埋或焚烧。

第三节　传染性支气管炎

一、概述

传染性支气管炎是由传染性支气管炎病毒引起鸡的一种急性高度接触性呼吸道和泌尿生殖道疾病。其特征是病鸡咳嗽、喷嚏、流鼻涕和气管啰音等呼吸道症状；产蛋鸡表现产蛋量减少和蛋的品质下降；肾型病鸡表现排白色稀糊状粪便，肾脏肿大、苍白，有大量尿酸盐沉积。

二、流行病学

本病仅发生于鸡，其他家禽均不感染。各种年龄的鸡都可发病，但雏鸡和产蛋鸡最为易感。40 日龄以内的鸡发病病死率为 25% ~ 90%，但 6 周龄以上的鸡死亡率一般不高。如在 20 日龄以内发生感染，输卵管则发育不全，甚至造成生殖器官持久性损伤，而失去产蛋能力。病鸡和康复后的带毒鸡主要通过呼吸道和泄殖腔排毒，病鸡恢复后仍可带毒 40 天，在 35 天内具有传染性。本病主要通过呼吸道传播，也可通过被污染的饲料、饮水及饲养用具经消化道感染。本病传播迅速，常在 1 ~ 2 天内波及全群。

本病一年四季均能发生，但以冬春季节多发。鸡群拥挤、过热、过冷、通风不良、维生素和矿物质缺乏，特别是强烈的应激作用，如疫苗接种、转群等都可诱发该病发生。

三、临床症状

由于传染性支气管炎病毒血清型多，本病病型复杂，通常可分为呼吸型、腺胃型、肾型、生殖道型和肠型等多种，其中还有一些变异的中间型。

呼吸型：自然感染的潜伏期为 36 小时或更长一些。病鸡常看不到前驱症状，突然出现呼吸症状，并迅速波及全群。4 周龄以下鸡常表现伸颈张口呼吸（图 1-20）、咳嗽、喷嚏、甩头、气管啰音，病鸡精神不振，食欲减少，昏睡，扎堆，两周龄以内的病雏还常见鼻窦肿胀、流黏性鼻液、流泪等症状。康复鸡发育不良。5 ~ 6 周龄以上的鸡突出症状是气管啰音、气喘和微咳，尤以夜间最清楚。同时伴有减食、沉郁和下痢，但常无鼻涕。产蛋鸡感染后呼吸道症状温和，但产蛋量下降 25% ~ 50%，并持续 4 ~ 8 周，同时产软壳蛋、畸形蛋、沙壳蛋，蛋白稀薄如水，蛋黄和蛋白分离以及蛋白黏着于壳膜表面等。产蛋鸡幼龄时感染 IBV 可形成永久性损伤，鸡只外观正常但终生不产蛋。

腺胃型：病鸡表现为采食和饮水急剧减少，精神沉郁，低头缩颈，羽毛松乱、垂翅、流泪、肿眼、甩鼻（欲甩出口、鼻中的黏液），少数病鸡张口呼吸、有啰音，拉白色、黄绿色稀粪，个别鸡嗉囊内有积液，颈部膨大，消瘦，病情严重者出现衰竭死亡。

肾型：多见于 20 ~ 40 日龄以内发病，10 日龄以下、70 日龄以上比较少见。呼吸道症状轻微或不出现，或呼吸道症状消失后，病鸡持续排白色水样稀粪，粪便中几乎全是尿酸盐（图 1-21），病鸡沉郁、厌食、挤堆、迅速消瘦，饮水量明显增加。雏鸡病死率 10% ~ 45%，6 周龄以上鸡病死率为 0.5% ~ 1%。

生殖道型和肠型：外观症状与呼吸型、肾型、腺胃型类似，大部分为混合型。生殖道型发生于产蛋鸡群，主要表现产蛋下降，出现软壳蛋、畸形蛋，同时蛋品质下降。肠型主要表现剧烈腹泻，还可出现呼吸道症状。

图 1-20　病鸡张口呼吸

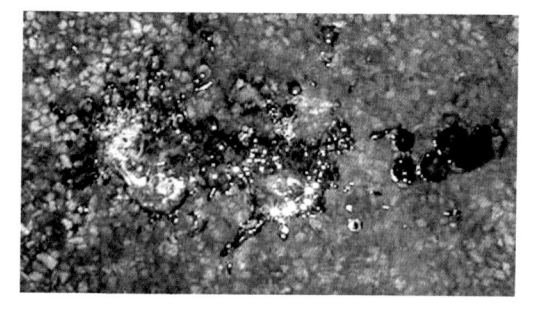

图 1-21　粪便不成形，尿酸盐增多

四、病理变化

病变主要发生在呼吸道、消化、泌尿与生殖系统。

呼吸型：剖检可见气管、支气管、鼻腔和窦内有浆液性、黏液性或干酪状渗出物，气管下部黏膜充血、肿胀，有出血点，管腔内有透明黏稠液体；肺淤血，气囊混浊；

雏鸡在支气管下段可能有干酪性栓子，在大的支气管周围可见到小灶性肺炎。幼雏感染，有的见输卵管发育受阻，变细、变短或成囊状。产蛋母鸡腹腔可见液状的卵黄物质，卵泡充血、出血、变形，甚至破裂。（图1-23）

腺胃型：鸡体消瘦，肝、脾肿大，腺胃肿大如球（图1-24），外观呈乳白色，严重者呈紫红色，腺胃壁极度增厚，切开后自行外翻，腺胃弥漫性出血、水肿（图1-22），挤压可挤出黄白色脓性分泌物，个别周缘黏膜充血、出血和溃疡。肌胃内无食物或有少量食物，肌胃角质膜个别有溃疡。胰腺肿大，有的有出血点，十二指肠黏膜有出血，空肠和直肠及泄殖腔黏膜有不同程度的出血，盲肠扁桃体肿大出血。喉头和气管出血，鼻腔中有黏性分泌物。

肾型：主要为肾肿大、苍白，肾小管和输尿管因尿酸盐沉积而扩张，外形呈白线网状，俗称"花斑肾"（图1-25）。严重病例在心包和腹腔脏器表面均可见白色尿酸盐沉着。

生殖道型：初期气管有黏液。卵泡充血、出血、变形，输卵管萎缩、变形。肠道有卡他性炎症。

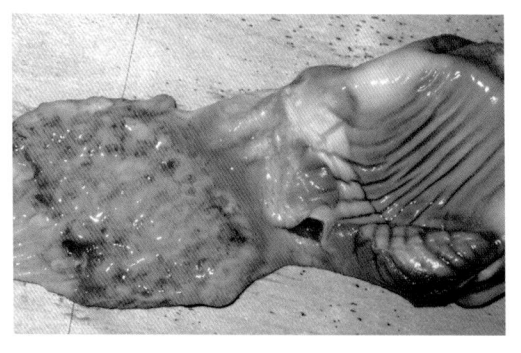

图1-22 腺胃乳头界限不清，黏膜出血

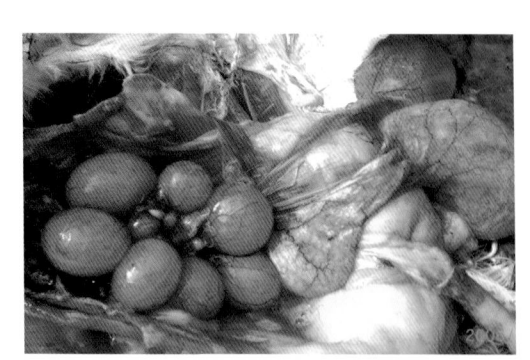

图1-23 输卵管囊肿

图1-24 腺胃肿大

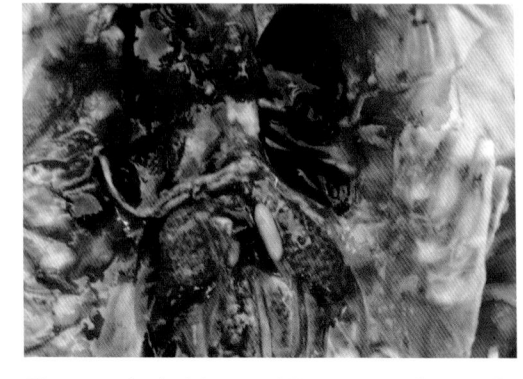

图1-25 肾脏肿大，尿酸盐沉积，呈"花斑样"

肠型：主要为肠道出血明显。也可出现呼吸道病变和肾脏肿大，尿酸盐沉积，输卵管发育不全等。

五、诊断

在抗原检测方面，可采用病毒分离、免疫荧光或免疫酶试验等方法对病原进行确诊，某些用于检测抗原的特异性 ELISA 方法还可同时鉴定病毒的血清型。RT-PCR 技术可以从口腔、气管或泄殖腔拭子样品中检测是否有病毒核酸存在，但不能区分疫苗株与野毒株感染，需通过 PCR 产物测序进一步分析确诊。血清学方法中，ELISA 的敏感性优于 VN 试验和 HI 试验，可在动物感染早期（一周内）检测出 IBV 抗体。具体诊断方法可参见国家标准 GB/T 23197-2008《鸡传染性支气管炎诊断技术》。需要说明的是，由于不同 IBV 毒株见抗原性差异很大，因此需要通过多种方法来确定 IBV 的血清型。

六、防治

（1）加强饲养管理和保持环境卫生。防止鸡群拥挤、过冷、过热，定期消毒。合理配合饲料，防止维生素尤其是维生素 A 缺乏。加强通风，以防有害气体刺激呼吸道。

（2）适时接种疫苗。目前国内常用的传染性支气管炎疫苗有弱毒苗和灭活苗。弱毒疫苗有 H120、H52 和 Ma5 等。H120 毒力较弱，对雏鸡安全，主要用于雏鸡的首次免疫。灭活疫苗可用于各种日龄的鸡。

IBV 血清型多且交叉保护力弱，单一疫苗只能对同型传染性支气管炎病毒感染产生免疫，而对异型传染性支气管炎病毒只能提供部分保护或无保护作用。因此，在生产中应注意应用同型传染性支气管炎预防。

（3）发病后的处理措施。本病尚无特异性治疗方法。根据鸡群发病情况采取综合性措施，及时隔离患病鸡群，鸡舍带鸡消毒。

第四节　传染性喉气管炎

一、概述

传染性喉气管炎是由传染性喉气管炎病毒引起鸡的一种急性高度接触性呼吸道传染病。特征是呼吸困难，咳嗽和咳出含有血液的渗出物，喉头、气管黏膜肿胀、出血，甚至黏膜糜烂和坏死，蛋鸡产蛋率下降。本病在大多数国家存在，由于本病传播迅速，生长减慢，死亡率较高，产蛋下降等，给养鸡业造成重大经济损失。

二、流行病学

本病主要侵害鸡，各种年龄及品种的鸡均可感染，但以 4～10 月龄的成年鸡症状最为特征。褐羽褐壳蛋鸡品种发病较为严重，来航白、京白等白壳蛋鸡有一定的抵抗力。幼龄火鸡、野鸡、鹌鹑和孔雀也可感染。病鸡及康复后带毒鸡是主要传染源，病毒存在于喉头、气管和上呼吸道分泌物中。约有 2% 耐过鸡带毒并排毒，带毒时间长达 2 年。

本病经呼吸道及眼结膜传播，亦可经消化道传播。种蛋蛋内及蛋壳上的病毒不能经鸡胚传播。被病鸡呼吸器官及鼻腔分泌物污染的垫草、饲料、饮水及用具可成为本病的传播媒介，人和野生动物的活动也可机械传播病毒。易感鸡和接种活疫苗的鸡长时间接触，也可感染本病。

本病在易感鸡群内传播速度很快，2～3 天内可波及全群，感染率可达 90% 以上，病死率 5%～70%。一般平均在 10%～20%。高产的成年鸡病死率较高。急性感染的鸡比康复带毒鸡传播更为迅速。本病一年四季都能发生，但以冬春季节多见。

三、临床症状

本病自然感染的潜伏期为 6～12 天，人工气管内接种为 2～4 天。

急性型（喉气管炎型）：在流行初期，常有个别最急性型病鸡突然死亡。继之出现精神沉郁，食欲减少。随后表现特征性症状，鼻孔有黏液，呼吸时发出湿性啰音，继而出现咳嗽、喘气和甩头。严重病例出现高度呼吸困难，每次呼吸时突然向上向前伸头张口并伴有喘鸣音（图 1-26，图 1-27），咳嗽多呈痉挛性，并咳出带血的黏液或血

图 1-26　病鸡张口呼吸

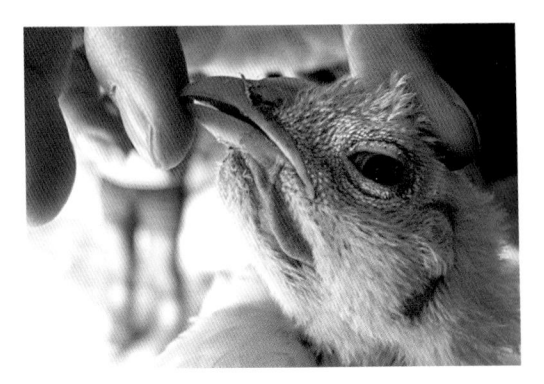

图 1-27　颜面部肿胀

凝块，血痰常附着于墙壁、水槽、食槽或鸡笼上（图1-28）。检查喉部，可见喉头部黏膜有泡沫状液体或淡黄色凝固物附着，不易擦去，喉头出血。病鸡迅速消瘦，鸡冠发绀，多为窒息死亡，病程一般为10～14天，产蛋鸡蛋量下降10%～20%。有的鸡逐渐康复可获得较坚强的保护力，但康复后的鸡可能成为带毒者。

图1-28　病鸡咳出血性痰液

温和型（眼结膜型）：有些弱毒株感染时，流行比较缓和，发病率低，症状不明显，因而该型也呈地方流行型。其症状为雏鸡生长迟缓，产蛋鸡产蛋减少、畸形蛋增多，常伴有结膜炎、窦炎、黏液性气管炎。严重病例见眶下窦肿胀，持续性鼻液增多和出血性结膜炎。一般发病率为2%～5%，病鸡多死于窒息，呈间歇性发生死亡。病程短的1周，最长可达4周，多数病例可在10～14天恢复。

四、病理变化

急性型典型病变为喉头和气管的前半部黏膜肿胀、充血、出血、甚至坏死，喉和气管内可见带血的黏液性分泌物或条状血凝块，中后期死亡鸡只喉头气管黏膜附有黄白色纤维素性假膜，并在该处形成栓塞（图1-29），患鸡多因窒息而死亡。严重时，炎症可扩散到支气管、肺和气囊或眶下窦，甚至上行至鼻腔和眶下窦。内脏

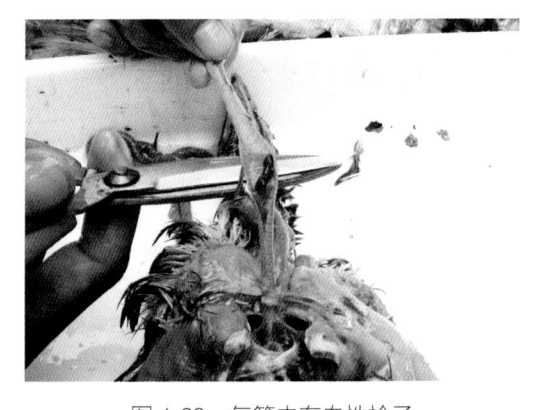

图1-29　气管内有血性栓子

器官无特征性病变。产蛋鸡卵巢异常，卵泡变软、变形、出血等。

温和型有的病例单独侵害眼结膜，有的则与喉、气管病变合并发生。主要病变是浆液性结膜炎，结膜充血、水肿，有时有点状出血。有些病鸡眼睑特别是下眼睑发生严重水肿。有的病鸡则发生纤维素性结膜炎，角膜溃疡。

五、诊断

该病需要实验室诊断方法进行确诊，仅根据临床症状及病理变化进行判断，易与

其他病原引起的呼吸道疾病产生混淆（如禽流感、新城疫、传染性支气管炎等）。可通过病毒分离、组织病理学检查（组织样品的核内包涵体检测）、分子生物学方法或血清学方法进行确诊。具体诊断方法可参考农业行业标准 NT/T 556-2002《鸡传染性喉气管炎诊断技术》。

六、防治

1. 综合预防

严格坚持隔离消毒制度，加强饲养管理，提高鸡群抵抗力是防止本病发生和流行的有效方法。病愈鸡不可和易感鸡混群饲养，耐过的康复鸡在一定时间内带毒、排毒，所以要严格控制易感鸡与康复鸡接触，最好将病愈鸡淘汰。来历不明的鸡要隔离观察，可放数只易感鸡与其同养，观察 2 周，不发病，证明不带毒，这时方可混群饲养。

2. 预防接种

一般情况下，在从未发生过本病的鸡场不主张接种疫苗。在该病的疫区和受威胁地区，应考虑进行免疫接种。注意避免将接种疫苗的鸡与易感鸡混群饲养尤为重要。

目前使用的疫苗有弱毒疫苗、强毒疫苗和灭活疫苗等。弱毒苗毒力较强，免疫后可出现轻重不同的反应，如精神萎靡，食欲不振或不食，流泪、呼吸啰音，有的出现和自然发病类似的症状，甚至引起成批死亡。应用时要严格按说明书选择接种途径和接种量；强毒疫苗，可用牙刷蘸取少量疫苗涂擦在泄殖腔黏膜上，注意绝不能将疫苗接种到眼、鼻、口等部位，否则会引起该病的暴发。涂擦后 3～4 天，泄殖腔出现潮红、水肿或出血性炎症反应，表示接种有效，1 周后产生坚强的免疫力。能抵抗病毒的攻击。注意强毒苗一般只用于发病鸡场；灭活疫苗免疫效果一般均不理想。

正在研制的亚单位疫苗、基因缺失疫苗、活载体疫苗、病毒重组疫苗等基因工程疫苗可以克服常规疫苗引起潜伏感染的缺点。

用传染性喉气管炎弱毒疫苗给鸡群进行免疫接种，首免在 30～60 日龄，二免在首免后 6 周进行，种鸡或蛋鸡可在开产前 20～30 天再接种 1 次。免疫接种方法可采用滴鼻、点眼免疫。疫苗的免疫期可达半年至 1 年。

3. 发病时的措施

发病后对患病鸡进行隔离，防止未感染鸡接触感染。鸡舍内外环境用过氧乙酸或菌毒净消毒，每天 1～2 次，连用 10 天。对尚未发病的鸡用传染性喉气管炎中等毒力疫苗滴眼接种（紧急接种多采用中等毒力的胚苗）。病鸡群不能用疫苗滴眼、滴鼻；否则反应强烈，死亡率很高。在发病鸡群可采用中西医结合对症治疗。

（1）投服清热解毒、镇咳、祛痰、消炎的中药。板蓝根 1 000 克、金银花 1 000 克、射干 600 克、连翘 600 克、山豆根 800 克、地丁 800 克、杏仁 800 克、蒲公英 800 克、白芷 800 克、菊花 600 克、桔梗 600 克、贝母 600 克、麻黄 350 克、甘草 600 克，将上述中药加工成细粉，每只鸡每天 2 克，均匀拌入饲料，分早、晚喂服，连用 3 天。

（2）同时在饲料中加入环丙沙星等抗菌药物预防继发感染，并给鸡群投喂黄芪多糖、电解多维等。

（3）喉头处有伪膜的病鸡可用小镊子将伪膜剥离取出。

第五节　禽痘

一、概述

禽痘是由禽痘病毒引起禽类的一种急性高度接触传染性病。通常有皮肤型和黏膜型，前者多以皮肤（尤以头部皮肤）形成痘疹、结痂、脱落为特征，后者以口腔和咽喉黏膜的纤维素性、坏死性假膜为特征。故本病又名禽白喉，有的病禽两者可同时发生。

二、流行病学

家禽中以鸡的易感性最高，不分年龄、性别和品种的鸡都可感染，火鸡、鸭、鹅等家禽虽也能发生，但并不严重。鸟类、鸽子也常发生，但病毒类型不同，一般不交叉感染。本病以雏鸡和青年鸡最常发病，雏鸡易引起死亡。

本病通过接触传播，病鸡脱落和破散的痘痂，是散布病毒的主要形式。病毒亦可通过唾液、鼻液和泪液排出。禽痘一般须经过皮肤或黏膜的伤口感染。蚊子和体表寄生虫亦可传播本病。鸡群过分拥挤、体表有寄生虫、维生素缺乏等营养不良及饲养管理太差等，均可促使本病发生和加剧病情。如有葡萄球菌病、慢性呼吸道病等并发感染，可造成大批死亡。

鸡痘一年四季都能发生，皮肤型夏秋季多发，黏膜型冬季多发。

三、临床症状

潜伏期为 4 ~ 6 天。按病毒侵犯部位的不同，本病可分为皮肤型、黏膜型和混合型

三种病型，偶有败血型。

皮肤型：以头部皮肤，有时见于腿部、泄殖腔周围和翅内侧的皮肤上形成一种特殊的痘症为特征。常见于鸡冠、肉髯、喙角、眼睑、耳叶等头部皮肤，起初出现灰白色麸皮状覆盖物，随即长出灰白色的小结节，后变为灰黄色，然后逐渐增大如黄豆大的痘疹，表面凹凸不平，呈干硬结节，内含有黄脂状糊块。痘疹互相连接融合，形成大块厚痂。痂皮可以存留3~4周之久，以后逐渐脱落，留下平滑的灰白色疤痕。轻症可能没有疤痕。眼部痘疹可使眼睑闭合、眼睛失明。一般无明显的全身性症状。但病重的幼雏表现精神萎靡、食欲废绝等症状，甚至引起死亡。产蛋鸡则产蛋量减少或停产。

黏膜型（白喉型）：多发于小鸡和青年鸡。病死率高，小鸡可达50%。病初表现鼻炎症状，流黏液至脓性鼻液。2~3天后在口腔和咽喉等处黏膜出现痘症，开始为黄色圆形斑点，逐渐扩大融合成一层黄白色假膜。随着病情发展，假膜扩大增厚成凹凸不平的棕色痂块，并有裂缝。痂块不易剥离，若强行剥离，则露出易出血的溃疡面。病鸡出现呼吸和吞咽障碍，病鸡嘴无法闭合，张口呼吸，发出"嘎嘎"的声音，严重时窒息死亡。有些病鸡在眶下窦和眼结膜亦可发生痘症，结膜充满脓性或纤维蛋白性渗出物。甚至引起角膜炎而失明。

混合型：即皮肤和黏膜同时受害，病情严重，死亡率高。

败血型：很少见。病鸡无明显的痘疹，以严重的全身症状开始，精神沉郁，下痢，逐渐衰竭而死。病禽有时也表现为急性死亡。

火鸡痘与鸡痘的症状和病变基本相似，特别是产蛋火鸡出现产蛋减少和受精率降低。病程一般为2~3周，严重者为6~8周。鸽痘的痘症一般发生在腿、脚、眼皮和靠近喙角基部，个别可出现口疮（黏膜型）。

四、病理变化

病变和临诊所见相似。口腔黏膜的病变有时可延伸到气管、食道和肠道。肠黏膜可能有点状出血。肝、脾、肾常肿大。心肌有时呈实质变性。

五、诊断

本病的诊断方法主要包括显微镜观察、病毒分离与鉴定、血清学试验和分子生物学方法。其中病灶抹片可通过瑞氏染色方法观察禽痘病毒的原生小体，或将组织切片经免疫组织病理学的方法观察是否有胞浆包涵体进行诊断。PCR方法及免疫印迹方法还可用于区分鸡痘病毒的疫苗株和野毒株感染。具体操作方法可参考中华人民共和国出入境检验检疫行业标准 SN/T 1226-2015《禽痘检疫技术规范》。

六、防治

1. 注意鸡舍内外环境卫生

定期实施消毒，鸡舍要钉好纱窗、纱门，并在蚊蝇多生季节，用杀虫剂杀死鸡舍内外的蚊蝇等。及时修理笼具，防止尖锐物刺伤皮肤。出现外伤鸡及时用5%碘酊涂擦伤部。

2. 预防接种

目前国内应用的疫苗有鸡痘鹌鹑化弱毒苗和鸡痘鹌鹑化细胞苗。国内常用鸡痘鹌鹑化弱毒疫苗，一般 6 日龄以上的雏鸡用 200 倍稀释于鸡翅内侧无血管处皮下刺种 1 针；20 日龄以上鸡用 100 倍稀释疫苗刺种 1 针；1 月龄以上鸡可用 100 倍稀释液刺针 2 针。刺种后 3～4 天，刺种部位出现红肿、水泡及结痂，2～3 周痂块脱落，表明接种有效。免疫期成年鸡 5 个月，雏鸡 2 个月。首次免疫多在 10～20 日龄，二次免疫在开产前进行。

3. 发生鸡痘时的措施

一旦发生鸡痘，及时隔离病鸡，对鸡舍、运动场和一切用具进行严格消毒，对死亡和淘汰的病鸡及时进行深埋或焚烧等无害化处理，同时对易感鸡群进行紧急免疫接种。轻症鸡痘进行治疗。

用1%高锰酸钾冲洗痘痂，用镊子小心剥离，用碘甘油（按碘酒 70 毫升，甘油 30 毫升比例均匀混合配制）直接涂上或撒上冰硼散，每日 2 次；黏膜型鸡痘，用镊子除去口腔、咽喉的假膜，涂敷碘甘油；眼部肿胀的鸡，先挤出干酪样物，然后用 2% 的硼酸液冲洗，再滴入红霉素眼药水。剥下的假膜、痘痂或干酪样物都应烧掉，严禁乱扔，以防散毒。

大群鸡可在饲料中可添加清瘟解毒中药连用 7 天。在饲料中添加维生素 A 和鱼肝油有利于禽体的恢复。

在饲料或饮水中加入广谱抗生素，或环丙沙星、恩诺沙星等连用 5～7 天以防继发感染。经治疗转归的鸡群应在完全康复后两个月方可合群。

第六节　传染性鼻炎

一、概述

传染性鼻炎是由副鸡嗜血杆菌引起鸡的一种以鼻腔、眶下窦炎症，流涕、面部水肿和结膜炎为特征的急性呼吸系统疾病。由于产蛋鸡感染后产蛋减少，幼龄鸡感染后增重减慢及淘汰鸡数增加，常造成严重的经济损失。

二、流行病学

本病发生于各种日龄的鸡，并随着日龄的增加易感性增强。自然条件下以育成鸡和成年鸡多发。本病多发生于秋、冬季节。

传染源是病鸡和带菌鸡，慢性病鸡及隐性带菌鸡是鸡群发病的重要原因。本病主要由飞沫和尘埃经呼吸道传染，也可通过污染的饲料、饮水经消化道传染。

鸡群拥挤，鸡舍闷热，通风不良，氨气浓度高，或鸡舍寒冷潮湿，不同年龄的鸡混群饲养，缺乏维生素A，鸡群接种禽痘疫苗引起全身反应，或受寄生虫侵袭等都可促使本病的发生或使鸡群发病更严重。

三、临床症状

潜伏期短，传播很快，快者1~3天，慢者1周之内传遍全群。

本病主要是鼻腔和鼻窦内发生炎症，病初流稀薄水样鼻液，后转为浆液性或黏液性分泌物，甩头，打喷嚏，一侧或两侧颜面肿胀（图1-30），水肿可蔓延到下颌部或肉髯。眼结膜发炎，眼睑肿胀，眼睑被分泌物粘连眼不能睁开。食欲和饮水减少，或有下痢。仔鸡生长不良；成年母鸡产蛋减少甚至停止；公鸡肉髯肿大明显。如炎症蔓延至下呼吸道，则呼吸困难并有啰音；病鸡常甩头欲将呼吸道内的黏液排出，最后常窒息而死（图1-31）。若转为慢性或与其他菌混合感染时，鸡群中就散发出恶臭味。本病无并发感染时，发病率高而死亡率低，饲养管理不善，缺乏营养或感染其他疾病时，则病期延长，病情更严重，病死率也增高。

四、病理变化

主要病变为鼻腔和鼻窦黏膜呈急性卡他性炎症，黏膜充血肿胀，表面覆有大量黏液，

图 1-30　病鸡颜面部肿胀

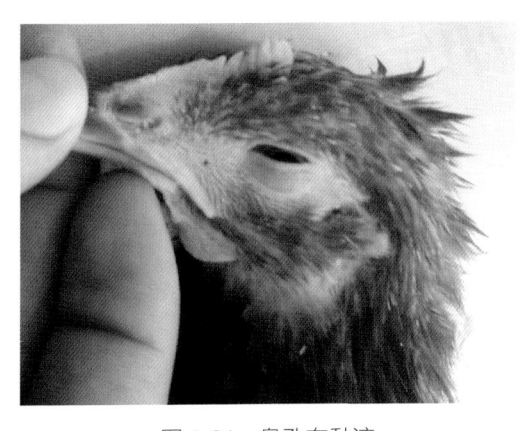

图 1-31　鼻孔有黏液

窦内有渗出物或干酪样坏死物。卡他性结膜炎，脸部及肉髯水肿。严重时可见气管黏膜炎症，偶有肺炎及气囊炎。卵泡变性、坏死和萎缩。

五、诊断

可通过采集急性期发病阶段的病鸡临床样品对副鸡禽杆菌进行分离鉴定，PCR 技术也可快速的检测出鼻窦拭子样品中是否有该病菌的存在。具体诊断方法可参考农业行业标准 NY/T 538-2015《鸡传染性鼻炎诊断技术》。

六、防治

（1）加强饲养管理和消毒。鸡场内每栋鸡舍应做到全进全出，清舍之后要彻底进行消毒，空舍一定时间后方可让新鸡群进入。鸡群饲养密度不应过大；不同年龄鸡分开饲养；寒冷季节，注意防寒保暖、通风换气；定期带鸡消毒。不从有本病的鸡场购进种鸡或鸡苗。

（2）免疫接种。用传染性鼻炎三价油乳剂灭活苗进行免疫接种。一般于 25 ~ 35 日龄首免，于产蛋前 15 ~ 20 天进行二免。

（3）发病后的措施。对鸡舍进行带鸡消毒，发病鸡群用灭活菌苗免疫接种，并配合药物治疗，可以较快地控制本病。

第七节　禽结核病

一、概述

禽结核病是由禽结核杆菌引起的一种慢性传染病。特征是引起鸡组织器官形成肉芽肿和干酪样钙化结节。

二、流行病学

所有的鸟类都可被分枝杆菌感染，家禽中以鸡最敏感，火鸡、鸭、鹅和鸽子也都可患结核病，但都不严重，其他鸟类如麻雀、乌鸦、孔雀和猫头鹰等也曾有结核病的报道，但是一般少见。各品种的不同年龄的家禽都可以感染，因为禽结核病的病程发展缓慢，早期无明显的临床症状，故老龄禽中，特别是淘汰、屠宰的禽中发现多。尽管老龄禽比幼龄者严重，但在幼龄鸡中也可见到严重的开放性的结核病，这种小鸡是传播强毒的重要来源。病鸡肺空洞形成，气管和肠道的溃疡性结核病变，可排出大量禽分枝杆菌，是结核病的第一传播来源。排泄物中的分枝杆菌污染周围环境，如土壤、垫草、用具、禽舍以及饲料、水，被健康鸡摄食后，即可发生感染。卵巢和产道的结核病变，也可使鸡蛋带菌，因此，在本病传播上也有一定作用。其他环境条件，如鸡群的饲养管理、密闭式鸡舍、气候、运输工具等也可促进本病的发生和发展。

结核病的传染途径主要是经呼吸道和消化道传染。前者由于病禽咳嗽、喷嚏，将分泌物中的分枝杆菌散布于空气，或造成气溶胶，使分枝杆菌在空中飞散而造成空气感染或叫飞沫传染。后者则是病禽的分泌物、粪便污染饲料、水，被健康禽吃进而引起传染。污染受精蛋可使鸡胚传染。此外还可发生皮肤伤口传染。病禽与其他哺乳动物一起饲养，也可传给其他哺乳动物，如牛、猪、羊等。野禽患病后可把结核病传播给健康家禽。人也可机械的把分枝杆菌带到一个无病的鸡舍。

三、临床症状

人工感染鸡出现可见临床症状，要在 2～3 周以后，自然感染的鸡，开始感染的时间不好确定，故结核病的潜伏期就不能确定，但多数人认为在两个月以上。

本病的病情发展很慢，早期感染看不到明显的症状。待病情进一步发展，可见到病鸡不活泼，易疲劳，精神沉郁。虽然食欲正常，但病鸡出现明显的进行性的体重减轻。全身肌肉萎缩，胸肌最明显，胸骨突出，变形如刀，脂肪消失（图1-32）。病鸡羽毛粗糙，蓬松零乱，鸡冠、肉髯苍白，严重贫血。病鸡的体温正常或偏高。若有肠结核或有肠道溃疡病变，可见到粪便稀，或明显的下痢，或时好时坏，长期消瘦，最后衰竭而死。

患有关节炎或骨髓结核的病鸡，可见有跛行，一侧翅膀下垂。肝脏受到侵害时，可见有黄疸。脑膜结核可见有呕吐、兴奋、抑制等神经症状。淋巴结肿大，可用手触摸到。肺结核病时病禽咳嗽、呼吸粗、次数增加。

图 1-32　病鸡胸肌萎缩

四、病理变化

病变的主要特征是在内脏器官，如肺、脾、肝、肠上出现不规则的、浅灰黄色、从针尖大到 1 厘米大小的结核结节，将结核结节切开，可见结核外面包裹一层纤维组织性的包膜，内有黄白色干酪样坏死，通常不发生钙化。有的可见胫骨骨髓结核结节。

多个发展程度不同的结节，融合成一个大结节，在外观上呈瘤样轮廓，其表面常有较小的结节，进一步发展，变为中心呈干酪样坏死，外有包膜。可取中心坏死与边缘组织交界处的材料，制成涂片，发现抗酸性染色的细菌，或经病原微生物分离和鉴定，即可确诊本病。

五、诊断

一般可通过临床剖检对禽结核作出初步诊断，其肉芽肿病变较有特征性。病原菌进行分离培养和鉴定、PCR 方法都是常用的确诊手段。此外，组织切片或脏器涂片的酸性染色，也对该病具有诊断意义。结核菌素试验可检测出鸡群中是否存在结核感染，对该病的群防群控具有一定意义。诊断方法可参照国家标准 GB/T 18645-2002《动物结核病诊断技术》进行操作。

六、防治

1.预防

禽结核杆菌对外界环境因素有很强的抵抗力，其在土壤中可生存并保持毒力达数

年之久，一个感染结核病的鸡群即使是被全部淘汰，其场舍也可能成为一个长期的传染源。因此，消灭本病的最根本措施是建立无结核病鸡群。基本方法是：①淘汰感染鸡群，废弃老场舍、老设备，在无结核病的地区建立新鸡舍；②引进无结核病的鸡群。对养禽场新引进的禽类，要重复检疫 2~3 次，并隔离饲养 60 天；③检测小母鸡，净化新鸡群。对全部鸡群定期进行结核检疫（可用结核菌素试验及全血凝集试验等方法），以清除传染源。④禁止使用有结核菌污染的饲料，淘汰其他患结核病的动物，消灭传染源。⑤采取严格的管理和消毒措施，限制鸡群运动范围，防止外来感染源的侵入。

此外，已有报道用疫苗接种来预防禽结核病，但目前还未做临床应用。

2. 治疗

本病一旦发生，通常无治疗价值。但对价值高的珍禽类，可在严格隔离状态下进行药物治疗。可选择异烟肼（30 毫克 / 千克）、乙二胺二丁醇（30 毫克 / 毫升）、链霉素等进行联合治疗，可使病禽临床症状减轻。建议疗程为 18 个月，一般无毒副作用。

第八节　鸡毒支原体病

一、概述

鸡毒支原体病是由鸡毒支原体引起家禽的一种慢性呼吸道传染病，该病又称慢性呼吸道病，其特征为咳嗽、流鼻涕、呼吸啰音、喘气和窦部肿胀。本病发展慢、病程长、死亡率低，但在鸡群中长期蔓延，幼鸡生长缓慢，肉鸡胴体品质下降，蛋鸡产蛋下降，种蛋孵化率、出雏率降低，发病鸡群用药增加，该病在我国普遍发生，给养禽业造成严重经济损失。

二、流行病学

鸡和火鸡最容易感染，另外，鹌鹑、珍珠鸡、孔雀、鸽子等也可感染。各种日龄的鸡均具有易感性，4~8 周龄的鸡和 5~16 周龄的火鸡最敏感，成年鸡多呈隐性感染。纯种鸡比杂种鸡易感。病鸡和隐性感染鸡是本病的传染源。

本病可经垂直和水平两种方式传播。病原体可通过飞沫、尘埃经呼吸道传播，或通过被污染的饮水、饲料、用具等经消化道传播。经由带菌蛋传播是促使本病代代相传的主要原因。病公鸡的精液中也可能带菌，通过交配发生传染。

本病在鸡群中传播较慢，但在新发病的鸡群中传播较快。根据所处的环境因素不同，病的严重程度差异很大，如拥挤、卫生条件差、气候突变、通风不良、饲料中维生素缺乏和不同日龄的鸡混合饲养等，均可加剧该病的严重性并使死亡率增高。如继发和并发感染时，能使本病更加严重。带有鸡毒支原体的幼雏，用气雾或滴鼻法免疫其他呼吸道传染病时，能诱发该病的发生。

本病一年四季均可发生，以寒冷季节流行严重，成年鸡则多表现散发。

三、临床症状

本病多为隐性感染，一般表现为轻微的呼吸道症状，偶见鼻孔周围有分泌物。当饲养管理和环境条件不良时，尤其是其他病原微生物混合感染时，可出现明显的呼吸道症状，幼龄鸡发病，症状比较典型，流鼻涕，鼻液开始是浆液性，以后变成黏脓性，常出现咳嗽、打喷嚏、摇头。当炎症蔓延下呼吸道时，则喘气和咳嗽更为显著，呼吸道有啰音。病鸡食欲不振，生长停滞。后期可因鼻腔和眶下窦中蓄积渗出物而引起眼睑肿胀（图1-33）。有时关节发炎，出现跛行。本病一般呈慢性经过，病程可长达1个月以上。幼鸡如无并发症，病死率低，但发育受到不同程度的抑制。成年鸡常呈隐性感染，症状缓和，很少死亡，产蛋鸡感染后，只表现产蛋量下降和孵化率低，雏鸡出壳出现畸形。

图1-33　病鸡眶下窦高度肿胀

若感染滑液囊支原体时表现关节发炎，出现跛行，但少见有站立不起的。在火鸡偶尔出现运动失调，这是由于支原体侵入脑内所致。

四、病理变化

病变主要在气管、气囊、窦及肺等呼吸系统。可见鼻道、气管、支气管和气囊内含有混浊的黏稠渗出物。气囊壁变厚和混浊，严重者有干酪样渗出物。呼吸道黏膜水肿、充血、肥厚。窦腔内充满黏液和干酪样渗出物，有时波及肺、鼻窦和腹腔气囊。严重病例并见有不同程度的肺炎，有时炎症可蔓延及肝、心、腹膜等组织，形成纤维素性或化脓性肝包膜炎、心包炎等。患关节炎时，关节周围组织肿胀，关节液增多，开始清亮而后混浊（图 1-34），有时见干酪样物。关节面粗糙，或见绒状增生物。

图 1-34　关节液增多

五、诊断

病原体的分离和培养是诊断该病的标准方法，气管拭子或鼻后裂拭子可用于病原体的分离，后可通过免疫荧光试验或免疫酶技术进行鉴定。使用特异性引物通过 PCR 方法检测鸡毒支原体的方法已经非常成熟。血清学方法多适用于检测鸡群并进行辅助诊断，目前已有商品化的 ELISA 试剂盒在临床广泛应用。可参照农业行业标准 NY/T 553-2015《禽支原体 PCR 检测方法》及中华人民共和国出入境检验检疫行业标准 SN/T 1224-2012《禽支原体病检疫技术规范》中所述方法对该病进行诊断。

六、防治

（1）杜绝本病的传染来源。引进种鸡、雏鸡和种蛋，都必须从确实无病的鸡场购买。平时要加强饲养管理，尽量避免引起鸡体抵抗力降低的一切应激因素。

（2）清除种蛋内鸡毒支原体。经卵传播是鸡毒支原体感染的重要传播途径，阻断这条途径可防止垂直传播，对预防本病很重要。可用抗生素处理和种蛋加热孵化法来降低或消除卵内的支原体。

抗生素处理：将孵化前的种蛋加温到 37℃ 而后立即放入 5℃ 左右的对支原体有抑制作用的支原净、红霉素等抗生素溶液中 15～20 分钟；也可以将种蛋放在密闭容器的抗生素溶液中，抽出部分空气，而后再徐徐放入空气使药液进入蛋内；或将抗生素溶液注射入蛋内的。

（3）疫苗接种。疫苗有鸡毒支原体弱毒活疫苗和鸡毒支原体油佐剂灭活疫苗。

弱毒活苗：为 F 株支原体制成的疫苗。F 株致病力极为轻微，免疫期 7 个月。

灭活疫苗：按说明使用。

对其他传染病进行预防接种活疫苗时，应严格选择无支原体污染的疫苗。因为许多病毒性活疫苗中常常有致病性支原体的污染，鸡由于接种这种疫苗而受到感染，所以选择无污染活疫苗也是一种极为重要的预防措施。

（4）建立无支原体感染的种鸡群。在引种时，必须从无本病鸡场购买。感染本病的鸡场，通过用灭活疫苗免疫，收集种蛋前种鸡连续服用泰乐菌素等高效抗支原体药物，结合种蛋用抗生素浸泡处理或种蛋加热孵化，可大大减少支原体经蛋传递的百分率。用这种方法培养出不带支原体的健雏，以后在2月龄、4月龄、6月龄时进行血清学检查，淘汰阳性鸡，留下阴性鸡群隔离饲养，由这种程序育成的鸡群，在产蛋前再全部进行血清学检查一次，必须是无阳性反应的鸡才能用作种鸡。当完全阴性反应亲代鸡群所产的蛋，不经过药物或热处理孵出的子代鸡群，经过几次检测都未出现一只阳性反应鸡后，可以认为已建立成无支原体感染的鸡群。

（5）治疗。抗生素早期治疗对本病都有一定疗效。鸡毒支原体菌株对许多抗生素易产生耐药性，而且停药后往往复发，长期单一使用某种药物，往往效果不明显，临床用药应关注国家相关的法律法规，做到剂量适宜、疗程充足、联合用药和交替用药等。本病的药物治疗效果与有无并发感染关系很大，病鸡如果同时并发其他病毒病，疗效不明显，所以应及时控制并发症或继发病。

第九节　禽衣原体病

一、概述

禽衣原体病又名鹦鹉热、鸟疫，是由鹦鹉热衣原体感染引起的多种禽类和人的一种接触性传染病。该病主要以呼吸道和消化道病变为特征，不仅会感染家禽和鸟类，也会危害人类的健康，给公共卫生带来严重危害。由火鸡、鸭和鸟类衣原体病在养禽业中引起的经济损失已为人们所重视，而对鸡衣原体病在养鸡业中造成的损失长期以来尚未引起足够的重视。

二、流行病学

衣原体病主要通过空气传播，呼吸道可能是最常见的传播途径。其次是经口感染。吸血昆虫也可传播该病。

该病一年四季均可发生，以秋冬和春季发病最多。饲养管理不善、营养不良、阴雨连绵、气温突变、禽舍潮湿、通风不良等应激因素，均能增加该病的发生率和死亡率。

该病是一种世界性疾病，流行范围很广，已发生于亚洲、欧洲、美洲、大洋洲等60多个国家和地区。感染禽类近140多种。

三、临床症状和病理变化

鸡对鹦鹉衣原体引起的疾病具有很强的抵抗力。只有幼年鸡发生急性感染，出现死亡，真正发生流行的较少。急性病鸡发生纤维素性心包炎和肝脏肿大。大多数自然感染的鸡症状不明显，并且是一过性的。

鸭衣原体病是一种严重的、消耗性的并常致死的疾病。幼鸭发生颤抖、共济失调和恶病质，食欲丧失并排出绿色水样肠内容物，在眼及鼻孔周围有浆液性或脓性分泌物。随着病程的发展，病鸭消瘦，死于痉挛。发病率为 10%～80%，死亡率为 0%～30%，这取决于感染时的年龄、是否并发沙门菌病。剖检病变为胸肌萎缩，全身性浆膜炎明显。常伴有浆液性或浆液纤维素性心包炎、肝脏大、肝周炎和脾肿大。有些肝脏和脾脏有灰色或黄色坏死灶。

鹅发生衣原体病时，临床症状和剖检变化与鸭相似。

感染衣原体的火鸡症状是恶病质、厌食，体温升高。病禽排出黄绿色胶冻状粪便，严重感染的母火鸡产蛋率迅速下降。死亡率 4%～30%。剖检病变为心脏肿大，心外膜增厚、充血，表面有纤维素性渗出物覆盖。肝脏肿大，颜色变淡，表面覆盖有纤维素。气囊膜增厚，腹腔浆膜和肠系膜静脉充血，表面覆盖泡沫状白色纤维素性渗出物。

四、诊断

可通过组织切片染色或免疫组化方法进行镜检，观察病原体。细胞培养或鸡胚接种分离病原体也是确诊手段之一。直接免疫荧光法和 ELISA 方法均可用于特异性抗原检测，用于检测病原基因的 PCR 诊断方法也已建立。补体结合试验和 ELISA 等都是本病常用的血清学诊断方法。具体可参见农业行业标准 NY/T 562-2015《动物衣原体病诊断技术》对该病进行诊断。

五、防治

该病尚无有效疫苗，预防应加强管理，建立并严格执行防疫制度。经常清扫环境，鸡舍和设备在使用之前进行彻底清洁和消毒，严格禁止野鸟和野生动物进入鸡舍。发现病禽立即淘汰，并销毁被污染的饲料，禽舍用 2% 甲醛溶液、2% 漂白粉或 0.1% 新洁尔灭喷雾消毒。清扫时应避免尘土飞扬，以防止工作人员感染。引进新品种或每年从国外补充种禽的场家，尤其是从国外引进观赏珍禽时，应严格执行国家的动物卫生检疫制度，隔离饲养，周密观察。

第十节　禽曲霉菌病

一、概述

禽曲霉菌病主要是由烟曲霉菌和黄曲霉菌等曲霉菌引起的多种禽类和哺乳动物的一种真菌性疾病，本病的特征性表现主要在呼吸系统，尤其是在肺和气囊发生炎症并形成霉菌结节，故本病又称曲霉菌性肺炎。本病在禽类幼禽多发，且呈急性群发性暴发，发病率和死亡率都很高，使养禽业损失很大。成禽则为散发。

二、流行病学

各种禽类都有易感性，如鸡、火鸡、鸭、鹅都能感染。幼禽最易感染，尤其是20日龄内的雏鸡，常为急性和群发性，成年禽则为慢性和散发。

曲霉菌病主要通过呼吸道和消化道传播。霉菌最易在骨粉、鱼粉、豆饼、玉米等饲料中生长繁殖，此外，在垫料、用具、饲槽、墙壁、地面、阴暗潮湿的房舍、孵化器及蛋壳表面等也常都有霉菌生长，禽类吸入大量的曲霉菌孢子或吃进污染的饲料而造成感染。孵化期间鸡胚对烟曲霉感染非常敏感，种蛋表面的烟霉菌孢子穿透蛋壳进入蛋内，引起胚胎死亡或雏鸡感染。

育雏阶段的饲养管理、卫生条件不良是引起本病暴发的主要诱因，育雏室内温差大、通风换气不好、阴暗潮湿、过分拥挤以及营养不良等因素都能促使本病的发生和流行。

三、临床症状

雏鸡感染呈急性表现，病初精神不振，食欲减少或拒食，渴欲增加，羽毛蓬松，两翅下垂，对外界反应淡漠、嗜睡、逐渐消瘦。随后出现以呼吸道症状为特征的呼吸困难，头颈前伸，张口吸气，气管啰音。有时也见病雏摇头，连续打喷嚏。冠和肉髯发紫。眼结膜充血肿胀，眼睑下有干酪样凝块。病的后期发生腹泻，此时病雏很快消瘦，精神委顿，闭目昏睡，最后窒息死亡。病程2～7天。个别病雏出现神经症状，摇头，头向后仰，运动失调。耐过雏禽转为慢性，主要表现生长缓慢，发育不良，羽毛松乱无光泽，有的口腔有溃疡，病鸡不愿运动，逐渐消瘦而死亡，病程可拖延几周。

中鸡和成年鸡感染多呈慢性经过，病死率较低。产蛋鸡表现为产蛋减少或停止，病程延至数周。

鸭鹅感染曲霉菌病时，病初症状不明显，仅见少数鸭精神不振，气喘。全群鸭不愿走动，缩颈呆立；呼吸困难，张口伸颈，排黄白色稀粪。后期病鸭消瘦，衰竭死亡。

鹌鹑的曲霉菌病多发生于1~20日龄，病雏精神委顿，食欲减退或废绝。病雏呼吸困难，摇头打喷嚏，死前出现痉挛，病程1~3天。少数不死的鹌鹑，发育停滞。

四、病理变化

病变主要在呼吸系统，尤其是肺和气囊，其他脏器也可能出现病变。肺有散在的粟粒大至黄豆大的黄白色或灰白色结节，其内部呈黄白色干酪样。1~5日龄的雏鸡，呈急性经过，见不到结节，只见肺有淤血。气囊膜混浊变厚，呈云雾状，也能见到黄白色或墨绿色绒毛状霉菌结节，有的结节成为大的丘状隆起和黄白色圆盘状，表面稍凹陷或同心圆状。其他器官如胸腔、腹腔、肝、肠浆膜等处有时亦可见到霉菌结节。有的病例呈局灶性或弥漫性肺炎变化（图1-35，图1-36）。

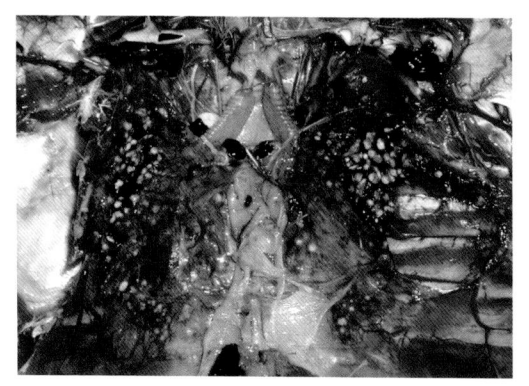

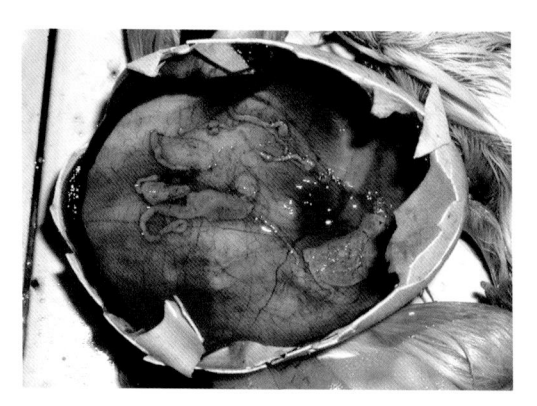

图1-35　肺脏中密布大量霉菌结节　　　　　图1-36　受感染胚胎的蛋壳膜有霉斑

五、诊断

通常根据病禽剖检病变即可诊断本病，但仍需进行病原分离进行进一步确诊。在进行病原分离时，需注意无菌收集病料，防止与其他在环境中常见的曲霉菌交叉污染，影响检测结果的准确性。具体诊断方法可参考农业行业标准 NY/T 559-2002《禽曲霉菌病诊断技术》。

六、防治

1. 综合预防

科学的饲养管理是预防本病的关键措施。归纳起来有以下几点：①保持室内外环境的干燥、清洁，防止潮湿和积水，饲槽、饮水器经常清洗；②保持合理的饲养密度，垫料经常翻晒和更换；③保持饲料新鲜，严禁饲喂过期、发霉的饲料；④搞好孵化室卫生，防止雏鸡的霉菌感染；⑤育雏室进鸡前用甲醛液熏蒸消毒和0.3%过氧乙酸消毒。

2. 治疗

发现疫情时，迅速查明原因，并立即排除，同时进行环境、用具等消毒工作。如及时隔离病雏，更换发霉的饲料与垫料，清扫禽舍，喷洒1∶2 000的硫酸铜溶液。严重病例扑杀淘汰。

本病目前尚无特效治疗方法。用制霉菌素防治本病有一定效果，剂量为每100只雏鸡一次用50万国际单位，拌料内服，每日2次，连用2～4天，或用克霉唑每100只禽用1克，混入饲料喂服，连续2～3天。同时用1∶3 000的硫酸铜或0.5%～1%碘化钾饮水，连用3～5天，可以减少新病例的发生，从而有效地控制本病的继续蔓延。

>> 第二章
常见消化系统疾病

第一节　禽流感

家禽感染禽流感病毒后，也会产生消化道症状和病理变化。鸡和火鸡感染高致病性禽流感病毒后，粪便呈黄绿色并带有多量黏液或血液；急性型病鸡口腔、腺胃、十二指肠和盲肠扁桃体出血，肌胃角质层下出血、溃疡；火鸡常出现纤维素性肠炎和盲肠炎。家鸭和鹅感染高致病性禽流感病毒后会拉黄绿色稀便。鸽子会排灰绿色或红色稀便。成年产蛋鸡感染低致病性禽流感后，间或排黄白绿稀便，盲肠到小肠和腹腔有卡他性到纤维素性炎症。详见"第一章第一节禽流感"。

第二节　新城疫

鸡感染新城疫病毒后，也会出现典型消化系统临床症状和病理变化（图2-1、图2-2）。初期排稀薄、黄绿色或黄白色粪便，后期排蛋清样粪便。口腔有大量黏液，嗉囊内充满多量酸臭液体和气体，在食管与腺胃、腺胃与肌胃交界处常见有条状或不规则出血斑，

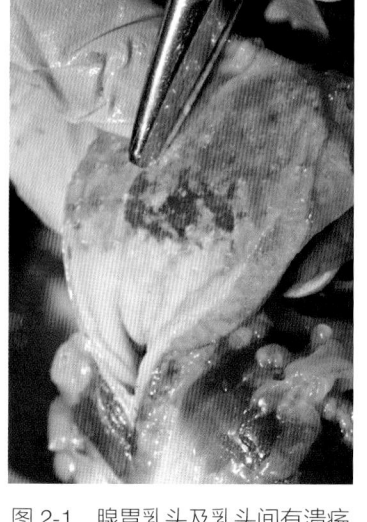

图 2-1　腺胃乳头及乳头间有溃疡
　　　　和坏死

图 2-2　肠黏膜出血

腺胃黏膜水肿，其乳头或乳头间有明显的出血点，或有溃疡和坏死，这是比较特征的病变。肌胃角质层下也常见有出血点，有时形成溃疡。由小肠到盲肠和直肠黏膜有大小不等的出血点，肠黏膜上有时可见到"岛屿状或枣核状溃疡灶"，有的在黏膜上形成假膜，假膜脱落后即成溃疡，这亦是本病的一个特征性病理变化。盲肠扁桃体常见肿大、出血和坏死（枣核样坏死）。严重者肠系膜及腹腔脂肪上可见出血点。详见"第一章第二节新城疫"。

第三节　传染性支气管炎

鸡感染传染性支气管炎病毒后，也会出现下痢，排白色稀糊状粪便，肠道出血，有卡他性炎症等。详见"第一章第三节传染性支气管炎"。

第四节　传染性法氏囊病

一、概述

传染性法氏囊病是由传染性法氏囊病病毒引起鸡的一种急性高度接触性传染病。本病发病突然、传播快、发病率高、病程短，主要表现腹泻、颤抖、极度虚弱并引起死亡。特征性病变为法氏囊水肿、出血、有干酪样渗出物，肾脏肿大并有尿酸盐沉积，腿肌、胸肌出血，腺胃和肌胃交界处有条状出血。幼鸡感染本病后，可导致免疫抑制。

二、流行病学

自然感染仅发生于鸡，各种品种的鸡都能感染，主要发生于 2～15 周龄的鸡，以 3～6 周龄的鸡最易感。近年报道成年鸡和 1 周龄雏鸡也发生本病。成年鸡多为隐性感染，10 日龄以内雏鸡感染后很少发病，但会造成严重的免疫抑制。病鸡和隐性感染鸡是主要传染源，病毒通过粪便排出，污染了饲料、饮水、用具等主要经消化道感染，亦可经呼吸道、眼结膜感染。

本病往往突然发生，传播迅速，通常在感染后第 3 天开始死亡，5～7 天达到高峰，以后很快停息，表现为高峰式死亡和迅速康复的曲线。死亡率差异很大，有的仅为3%～5%，一般为15%～30%，严重发病鸡群死亡率可达60%以上。

由于本病造成免疫抑制，使鸡群对新城疫、大肠杆菌病、支原体更易感，常出现混合感染。这种现象常使发病率和死亡率急剧上升。本病全年均可发生，无明显季节性。

三、临床症状

潜伏期为2～3天，最初发现有些鸡啄自己的泄殖腔。随即病鸡出现采食减少或不食，羽毛蓬松，畏寒，挤堆，腹泻，粪便呈灰白色石灰浆样，偶带血液。严重者颈和全身震颤，精神委顿，步态不稳，卧地不动（图2-3、图2-4）。后期体温低于正常体温，严重脱水，极度虚弱，最后死亡。整群鸡的死亡高峰在发病后3～5天，以后2～3天逐渐平息。

图 2-3　病鸡精神沉郁

图 2-4　病鸡拉白色黏液样粪便

四、病理变化

病死鸡明显脱水，胸肌、腿肌和翅肌等肌肉发生条纹状或斑块状出血（图2-5、图2-6）。法氏囊病变具有特征性，法氏囊水肿和出血，比正常大2～3倍，囊壁增厚，外形变圆，浆膜水肿，外包裹有淡黄色胶冻样渗出物，严重时法氏囊广泛出血，如紫葡萄状（图2-7～图2-10）。切开囊腔后，常见黏膜皱褶有出血点或出血斑，囊腔内有灰白色糊状物，或灰黄色干

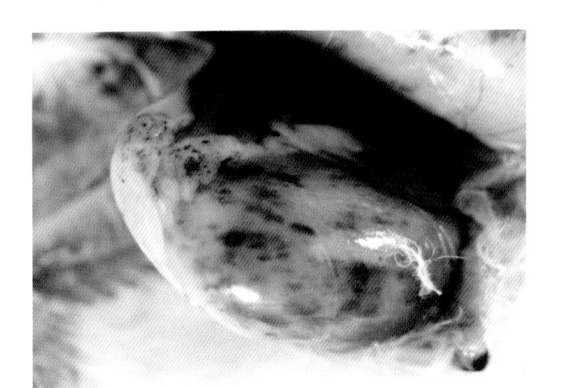

图2-5　腿肌出血,呈块状或条状

图 2-6　胸肌出血

图 2-7　法氏囊水肿

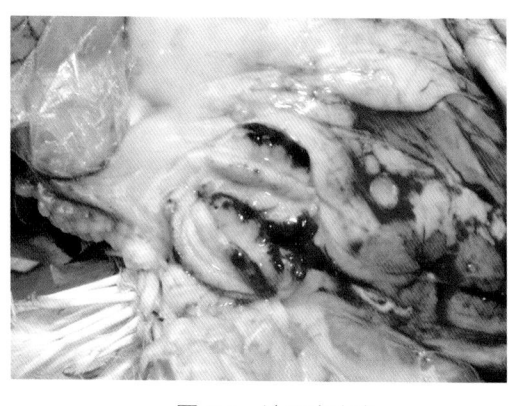

图 2-8　法氏囊出血

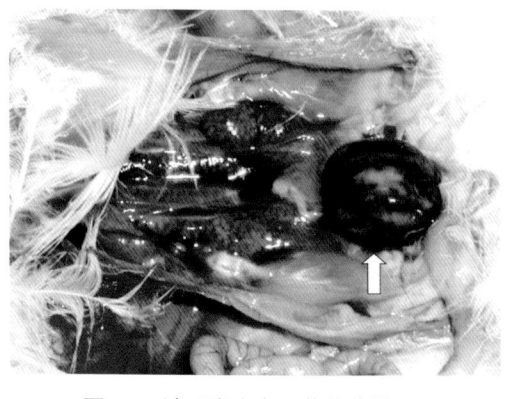

图 2-9　法氏囊出血呈紫葡萄样

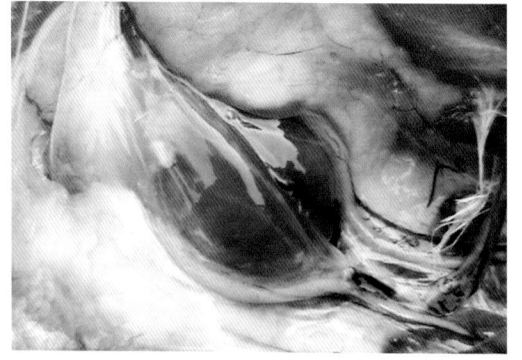

图 2-10　法氏囊肿大、外包有胶冻样的物质

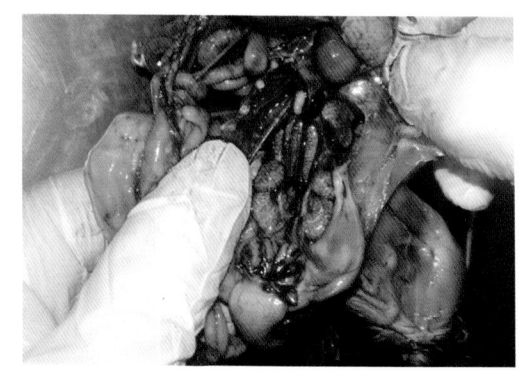

图 2-11　法氏囊肿大、出血，肾脏呈"花斑样"

酪样物。5 天后法氏囊萎缩。

　　病死鸡胸腺有出血点，脾脏可能轻度肿大，表面有弥漫性的灰白色病灶。发病中后期肾脏明显肿胀，由于输尿管和肾小管内尿酸盐沉积而使肾呈红白相间的"花斑状"

外观（图 2-11）。急性死亡者，腺胃和肌胃交界处见有条状出血点。肝脏肿胀、出血、黄染。盲肠扁桃体出血。

五、诊断

根据剖检法氏囊的特征性病变即可对本病作出大体诊断。后可通过法氏囊组织学观察或者病毒分离，对传染性法氏囊病毒变异株进行诊断。在病毒分离和鉴定的过程中，鸡胚接种是分离传染性法氏囊病毒最敏感的方法。用于抗原检测的 ELISA 方法及 RT-PCR 方法都可对该病病原进行快速诊断。具体可参见 SN/T 1554-2016《鸡法氏囊病检疫技术规范》。

六、防治

（1）严格执行卫生消毒及管理措施。实行"全进全出"的饲养制度，及时处理病死鸡、鸡粪等排泄物。加强日常消毒，所用消毒药以次氯酸钠、福尔马林和含碘制剂效果较好。做好日常饲养管理，尽量减少应激，同时要提供优质的全价饲料。

（2）搞好免疫接种。目前使用的疫苗主要有活苗和灭活苗两类。

（3）发病时的措施。发病时立即清除患病鸡、病死鸡，并深埋或焚烧。鸡舍用 0.3% 过氧乙酸或 0.5% 次氯酸钠，按每立方米 30～50 毫升带鸡消毒，每天上下午各 1 次，同时对鸡舍周围以及被病死鸡污染的场所和所有用具，用 2% 烧碱水和 10% 石灰乳剂彻底消毒。发病早期用高免血清或高免卵黄抗体皮下或肌内注射可获得较好疗效。同时降低饲料中的蛋白含量（降低到 15% 左右），在饮水中加入复方口服补液盐、多种维生素、5% 的糖或 1%～2% 奶粉，以保持鸡体水、电解质、营养平衡，促进康复。用抗生素饮水以防继发感染，对假定健康鸡用传染性法氏囊中等毒力活疫苗双倍量紧急免疫接种。

第五节　鸭瘟

一、概述

鸭瘟又称鸭病毒性肠炎，是由鸭瘟病毒引起的鸭、鹅及其他雁形目禽类均可发生的一种急性、热性、败血性和高度接触性传染病。临床主要表现体温升高，两脚发软无力，下痢，粪便呈灰绿色，流泪和部分病鸭头颈部肿大，本病还有"大头瘟"或"肿头瘟"之称。

剖检主要特征是败血症经过，食道黏膜有出血点并有灰黄色假膜覆盖或溃疡，泄殖腔黏膜充血、出血水肿和坏死，食道与腺胃膨大部的交界处有出血、坏死乃至溃疡，肝有不规则、大小不等的坏死灶及出血点。本病传播迅速，发病率和病死率都很高，严重地威胁养鸭业的发展。

二、流行病学

自然条件下，本病多引起鸭和鹅发病，鸡、火鸡、鸽、鹌鹑和哺乳动物等均不感染。鸭对本病毒最易感，不同品种、性别和年龄的鸭均可感染发病。其中，以麻鸭和番鸭最易感，北京鸭次之。病鸭和带毒鸭是本病主要传染源。病毒分布于病鸭各内脏器官、血液、分泌物和排泄物中，尤以肝、肺、脑含毒量最高。病鸭和带毒鸭主要通过排泄物和分泌物向外排毒。

本病主要通过消化道感染，另外，还可以通过呼吸道、交配和眼结膜等途径而传染；被污染的水源是重要的传染媒介，由于本病可发生病毒血症，因此，吸血昆虫也是传染媒介之一。

鸭瘟一年四季都可发生，但一般以春夏之际和秋季流行最为严重。不同年龄和品种的鸭均可感染。成年鸭和产蛋母鸭发病和死亡较为严重，1个月以下雏鸭发病较少。

三、临床症状

自然感染的潜伏期一般为2～5天。一旦出现症状常在1～5天死亡。

病初体温升高（43℃以上），呈稽留热，食欲减少，渴欲增加，精神委顿，羽毛松乱无光泽。随着病程发展，两脚麻痹无力，走动困难，驱赶时，则见两翅扑地而走，走几步后又蹲伏于地上。严重者伏地不起，强迫移动时可见头颈及全身颤抖。

在病初眼流出浆性分泌物，以后变为黏性或脓性分泌物，往往将眼睑粘连，严重者眼睑水肿或翻出于眼眶外，眼结膜充血或有小点出血，甚至形成小溃疡。流泪和眼睑水肿是鸭瘟的一个特征性症状。有部分病鸭头颈部肿大，这亦是鸭瘟的又一特征性症状。

此外，起初病鸭鼻流清液，之后变为黏稠的分泌物，呼吸困难，个别病鸭见有频频咳嗽。同时病鸭发生下痢，排出绿色或灰白色稀粪，肛门周围的羽毛被污染并结块。泄殖腔黏膜充血、出血、水肿，严重者黏膜外翻。

产蛋鸭群的产蛋量明显下降，可减产 70% 以上，甚至完全停产。且畸形蛋增加。随着死亡率上升。病程一般为 2 ~ 5 天，慢性可拖至 1 周以上。存活的病鸭生长发育迟缓、消瘦，角膜混浊较为典型，严重时常形成单侧性溃疡性角膜炎。

四、病理变化

以全身性急性败血症为主要特征。病鸭的全身皮肤、黏膜、浆膜和内脏器官，都有不同程度的出血斑点（图 2-12）。体表皮肤有许多散在出血斑，眼睑常粘连一起，下眼睑结膜出血或有少许干酪样物覆盖。部分头颈肿胀的病例，皮下组织有黄色胶样浸润。

食道黏膜有纵行排列的灰黄色假膜覆盖或小出血斑点，假膜易剥离，剥离后食道黏膜留有溃疡斑痕，这种病变具有特征性。泄殖腔黏膜的病变与食道相同，也具有特征性，黏膜表面覆盖一层灰褐色或绿色的坏死结痂，黏着很牢固，不易剥离，黏膜上有出血斑点和水肿。肝脏不肿大，肝表面和切面有大小不等的灰黄色或灰白色的坏死点，少数坏死点中间有小出血点，这种病变亦有诊断意义（图 2-13）。

有些病例腺胃与食道膨大部的交界处有一条灰黄色坏死带或出血带。肠黏膜充血、出血，以十二指肠和直肠最为严重。产蛋母鸭的卵巢滤泡增大，有出血点和出血斑（图 2-14），有时卵泡破裂，引起腹膜炎。雏鸭感染鸭瘟病毒时，法氏囊呈深红色，表面有针尖状的坏死灶，囊腔充满白色的凝固性渗出物。

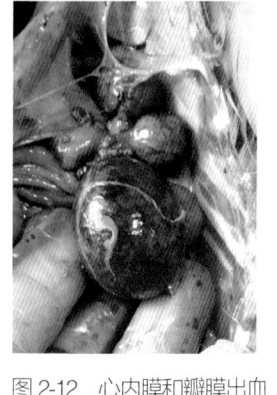 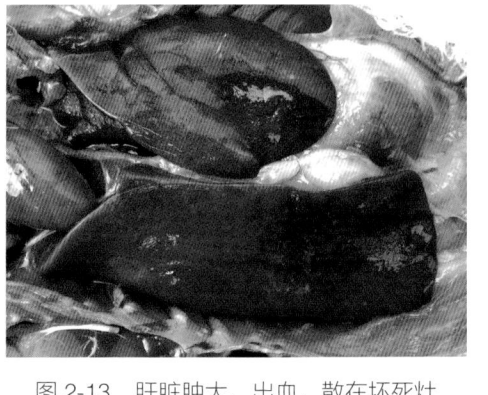 

图 2-12　心内膜和瓣膜出血　　图 2-13　肝脏肿大、出血、散在坏死灶　　图 2-14　卵泡出血

五、诊断

病毒分离和鉴定可对该病进行确诊，目前也有特异性的 PCR 引物用于该病的诊断。

利用病毒中和指数可判定鸭或水禽是否感染了本病，若中和指数大于1.75，则表明鸭群中感染了该病毒，若在0~1.5，则是未感染状态。具体可参考国家标准GB/T 22332-2008《鸭病毒性肠炎诊断技术》及参考中华人民共和国出入境检验检疫行业标准SN/T 2744-2010《鸭病毒性肠炎检疫技术规范》进行诊断。

六、防治

（1）一般预防措施。坚持自繁自养，全进全出的饲养方式。需要引进种蛋、种雏或种鸭时，一定要从无病鸭场，并经严格检疫，确实证明无疫病后，方可引进。禁止到鸭瘟流行区域和野水禽出没的水域放牧。

（2）定期接种疫苗。目前使用鸭瘟鸭胚化弱毒苗和鸡胚化弱毒苗。免疫采用皮下或肌内注射。雏鸭20日龄首免，4~5月后加强免疫1次即可。3月龄以上鸭免疫1次，免疫期可达一年。

（3）发病后的措施。一旦发生鸭瘟时，立即采取隔离、封锁和消毒等措施，对健康鸭群进行疫苗紧急接种。一般在接种后1周内死亡显著下降，随之发病死亡停止。同时要禁止病鸭外调和出售，停止放牧，防止扩散病毒。在受威胁区内，所有鸭和鹅应注射鸭瘟弱毒疫苗，母鸭的接种最好安排在停产时，或产蛋前1个月。

目前对鸭瘟尚无有效的药物治疗，只有在发病早期使用鸭瘟高免血清或康复血清，能起到一定的预防和治疗效果。

第六节　番鸭细小病毒病

一、概述

番鸭细小病毒病俗称"三周病"，是由番鸭细小病毒引起的3周龄内雏番鸭以腹泻、喘气和软脚为主要临床症状的一种急性、败血性传染病。主要侵害1~3周龄的雏番鸭。具有高度的传染性，发病率和死亡率高，是目前番鸭饲养业中危害最严重的传染病之一。

二、流行病学

除雏番鸭外，其他禽类和哺乳动物均不感染发病。雏番鸭日龄愈小发病率和死亡率愈高，3周龄以内的雏番鸭发病率为20%~60%，病死率为20%~40%。40日龄的番鸭也可发病，但发病率和死亡率低。

病鸭和带毒鸭是主要传染源，通过排泄物特别是粪便排出大量病毒，污染饲料、饮水、用具和周围环境造成传播。如果病鸭的排泄物污染种蛋外壳，则引起孵房内污染，使出壳的雏番鸭成批发病。

本病发生一般无明显季节性，但是由于冬春气温较低，育雏室空气流通不畅，空气中有害气体氨和二氧化碳浓度较高，故发病率和死亡率较高。

三、临床症状

潜伏期4~9天，病程2~7天。根据病程长短可分为急性和亚急性两种类型。

急性型：多发于7~14日龄雏番鸭。病鸭食欲下降，精神沉郁，羽毛蓬松，两翅下垂，尾端向下弯曲，两脚无力，懒于走动，离群独立。并有不同程度腹泻，排出灰白或淡绿色稀粪，黏附于肛门周围。呼吸困难，喙端发绀，后期常蹲伏，张口呼吸。病程一般为2~4天，濒死前两肢麻痹，倒地，最后衰竭死亡。

亚急性型：多发于日龄较大的雏鸭，病鸭食欲下降，精神委顿，喜蹲伏，两脚无力，行走缓慢，排黄绿或灰白色稀粪。病程5~7天，病死率低，大部分病愈鸭颈部、尾部脱毛，嘴变短，生长发育受阻，成为僵鸭。

四、病理变化

大部分病死鸭泄殖腔扩张、外翻；肠道呈卡他性炎症或黏膜有不同程度的充血和点状出血，尤以十二指肠和直肠后段黏膜为甚，少数病例盲肠黏膜也有点状出血；胰腺肿大且表面散布针尖大灰白色病灶；心脏变圆，心壁松弛，尤以左心室病变明显；肝脏稍肿大，胆囊充盈；肾和脾稍肿大。

五、诊断

根据流行病学、临诊症状和病理变化可以做出初步诊断。通过血清学方法和分子生物学方法进行确诊。在出现非典型临床症状时，易与病毒性肝炎混淆，需注意鉴别诊断。

六、防治

首先对种蛋、孵房和育雏室进行严格消毒，这对控制病毒的传播尤为重要。预防接种可减少和防止本病的发生和流行。国内已研制出番鸭细小病毒弱毒活疫苗供雏番鸭和种鸭免疫预防用，也可使用灭活疫苗。

第七节 小鹅瘟

一、概述

小鹅瘟又称细小病毒感染，是由小鹅瘟病毒引起雏鹅的一种急性或亚急性败血性传染病。临床主要表现精神委顿，食欲废绝，严重下痢，有时出现神经症状，病死率高，剖检后以渗出性肠炎为主，尤其以小肠中后段纤维素性、栓塞性病变为主要特征。

二、流行病学

本病仅发生于1月龄以内各种品种的雏鹅和雏番鸭，而其他禽类和哺乳动物均不感染发病。雏鹅的易感性随年龄的增长而减弱。1周龄以内的雏鹅死亡率可达100%，10日龄以上者死亡率一般不超过60%，20日龄以上的发病率低，而1月龄以上则较少发病，成年禽可带毒排毒而不发病。

病雏鹅及带毒成年鹅是本病的传染源。病毒随分泌物、排泄物排出，通过直接或间接接触而迅速传播。本病主要经消化道感染，大龄鹅可建立亚临床或潜伏感染，并通过蛋将病毒传给孵化器中的易感雏鹅。病毒还可通过卵发生垂直传播。

本病的流行有一定的周期性。在每年全部更新种鹅的地区，大流行后，当年余下的鹅群都获得主动免疫，因此不会在一个地区连续一两年发生大流行。有些地区并不每年更新全部种鹅，本病的流行就不表现明显的周期性，每年均有可能发病，但病死率较低，一般在20%～50%。

三、临床症状

1日龄感染潜伏期为3～5天，2～3周龄感染为5～10天。临床以消化道和中枢神经系统紊乱为特征。

最急性型：常发生于1周龄以内的雏鹅，尤其是3～5日龄的鹅，往往无前驱症状，一发现即极度衰弱，或倒地乱划，不久死亡。

急性型：常发生于1～2周龄的雏鹅。表现为全身委顿，食欲减少或丧失，但饮水增多。常离群蹲卧（图2-15），打瞌睡，随后腹泻，拉出灰白或淡黄绿色稀粪，并杂有气泡、纤维碎片、未消化饲料。喙端发绀，蹼色泽变暗。死前两腿麻痹或抽搐。

亚急性型：多发生于流行后期，2周龄以上，尤其是3~4周龄的鹅。主要表现精神委顿、少食或不食、消瘦和拉稀，病程3~7天。少数自愈者在一段时间内生长不良。

图2-15　病鹅站立不稳

四、病理变化

最急性病例除肠道有急性卡他性炎症外，其他器官的病变一般不明显。

急性病例病变明显，表现全身性败血症变化，全身脱水，皮下组织显著充血。心脏变圆，心房扩张，心壁松弛，心肌晦暗无光泽。肝脏肿大、土黄色、质脆易碎。特征性病理变化为空肠和回肠的急性卡他性—纤维素性坏死性肠炎，小肠的中下段整片肠黏膜坏死脱落，与凝固的纤维素性渗出物形成栓子或假膜（图2-16），包裹

图2-16　肠道内有纤维素栓子

在肠内容物表面，外观似腊肠，质地坚实，堵塞肠腔。多数病例在小肠的中段和下段，特别是在靠近卵黄柄和回盲部的肠段，外观变得极度膨大，呈淡灰白色，体积比正常肠段增大2~3倍。有些病例在小肠内形成长带状凝固物——栓塞，有的栓塞质地比较硬，呈白色，有的栓塞比较软，但粗大，呈灰色，此外还可见小肠前段出血，肾脏出血。亚急性型病变较急性病例轻。

五、诊断

利用鹅胚和番鸭胚或两者的原代细胞进行病毒分离，并通过免疫荧光、免疫电镜及PCR等技术对病原进行鉴定。血清学试验方法可用于监测动物群体的免疫状态，检测卵黄抗体水平也可了解母源抗体水平。鉴别诊断时需注意与番鸭细小病毒进行区分。该病的具体诊断方法可参考农业行业标准NY/T 560-2002《小鹅瘟诊断技术》。

六、防治

小鹅瘟主要是通过孵化室传播，因此孵化室中的一切用具设备，在每次使用后必须清洗消毒，收购来的种蛋应用福尔马林熏蒸消毒。刚出壳的雏鹅要注意不与新进的种蛋和大鹅接触。一经发现孵化室感染小鹅瘟病毒，则应立即停止孵化。对于已污染的孵化室所孵出的雏鹅，可立即注射高免血清。鹅舍应经常打扫，定期消毒，加强雏鹅的饲养管理。

在本病严重流行的地区，利用弱毒苗甚至强毒苗或油佐剂灭活苗免疫母鹅是预防本病最经济有效的方法。用活毒苗作基础免疫，再以油佐剂灭活苗加强免疫。可在留种蛋前一个月作第一次接种，15 天后作第二次接种，再隔 10 天后所产蛋方可留作种蛋。母鹅所产的种蛋孵出的雏鹅具有很强的免疫力，其效果能维持到整个产蛋期。对于缺乏母源抗体的雏鹅，出壳后 24 小时内用小鹅瘟高免血清皮下注射，7 日龄时再用小鹅瘟疫苗加强免疫。

雏鹅群一旦发生小鹅瘟，应立即将其中未出现发病症状的个体隔离出饲养场地，放在清洁无污染场地饲养，并给每只鹅注射 0.5～0.8 毫升抗血清或卵黄抗体。已出现初期症状者注射抗血清或卵黄抗体 2～3 毫升，日龄在 10 日以上者可相应增加。为控制继发感染可在血清或卵黄抗体中适当加广谱抗生素。发病严重者淘汰，尸体深埋或焚烧。污染的场地，用具等应彻底消毒。

第八节　鹅副黏病毒病

一、概述

鹅副黏病毒病其先后被称为"鹅的副黏病毒感染""鹅类新城疫"等不同名称，是由鹅源禽副黏病毒I型引起的鹅的一种烈性传染病。主要以腹泻、呼吸困难、神经症状、肠道黏膜出血、坏死、溃疡和结痂为主要特征。各种年龄的鹅都可发生本病，尤以雏鹅的发病率和死亡率高。

二、流行病学

本病主要感染鹅，与鹅共同饲养的鸡也可自然发病。各种日龄的鹅对本病都易感，日龄越小易感性越强，发病日龄最小为 3 日龄，最大为 300 日龄以上，两月龄以内雏鹅的发病率和死亡率可高达 100%，随着日龄的增加发病率和死亡率下降。一般发病率为 30% ～100%，死亡率为 20% ～100%。病鹅、带毒鹅通过其分泌物和排泄物排毒，主要通过消化道和呼吸道感染。通常鹅在出现症状前 24 小时，病毒已大量地从口鼻分泌物和粪便中排出。患病鹅在症状消失后 5～7 天才停止排毒，有的甚至 14 天还有病毒排出。此外还可以垂直传播。本病几乎一年四季均可发生，但以养鹅高峰的春夏季多发。

三、临床症状

病初最急性者往往不表现任何症状而突然死亡。随后病程稍长者病鹅精神极度沉郁，食欲下降或废绝，饮水增多。发病初期拉白色稀粪或番茄汁样的稀粪，后期常拉黄绿色的稀粪，1～2 天后出现瘫痪状态。口中流出水样液体。眼有分泌物，眼睑周围湿润。咳嗽，流鼻涕，伸颈张口呼吸。部分患病鹅后期表现扭颈、转圈、仰头等神经症状，饮水时更加明显。种鹅产蛋率迅速下降，幅度可达 50% 左右，并在低水平产蛋率上持续十多天，病情得到控制后，经 3～4 周产蛋率才逐渐恢复。病鹅体重明显减轻，耐过病鹅一般生长发育不良。

四、病理变化

病变主要在消化道，从食道末端至泄殖腔的整个消化道黏膜都有不同程度的充血、出血和坏死等病变。腺胃黏膜水肿增厚，黏膜下出现粟粒样白色坏死点，或于表面出现米粒至绿豆大小的白色结痂；肠道黏膜有散在淡黄色或灰白色豌豆大至黄豆大的纤维素性痂块，较难剥离，剥离后呈出血或溃疡面，此病变往往从浆膜层即可观察到，这是本病特异性的病变。盲肠扁桃体肿大、出血。肺出血，肺部有针尖或粟粒大甚至黄豆大的淡黄色结节。肝脏轻度淤血肿大，有坏死点或灰色斑；胆囊扩张，充满胆汁。脾脏、胰腺出现大量针头至粟粒大的白色坏死点。肾脏略肿大，色淡，输尿管扩张，充满白色尿酸盐。胸腺、法氏囊萎缩。大脑、小脑充血、水肿。

五、诊断

根据流行病学、临诊症状和病理变化可以做出初步诊断。病毒分离可选择肝、脾、肾等病变组织，做相应处理后经绒毛尿囊腔接种 10 日龄 SPF 鸡胚，24~96 小时后收集尿囊液，通过血凝或血凝抑制试验进行鉴定。血清学方法和分子生物学方法也可用于该病的确诊。具体诊断方法可参考国家标准 GB/T 16550-2008《新城疫诊断技术》或中华人民共和国出入境体验检疫行为标准 SN/T 0764-2011《新城疫检疫技术规范》。

六、防治

加强饲养管理和消毒，实行全进全出制，避免不同日龄鹅混养。鹅不与鸡等其他禽类共同饲养，避免相互传播疾病。鹅群的饲养环境应保持清洁，定期进行环境消毒，孵化房、种蛋和育雏室严格消毒。

接种疫苗及抗鹅副黏病毒高免卵黄抗体则是保护鹅群免受病毒侵袭的最重要、最有效的方法。种鹅首次免疫是在留种时（10～15日龄）应用鹅副黏病毒油乳剂灭活疫苗进行免疫；2个月进行第二次免疫；第三次免疫时在产蛋前半个月进行，以后每年免疫一次。

雏鹅15～20日龄时进行接种，每只皮下注射鹅副黏病毒油乳剂灭活疫苗0.3～0.5毫升；2个月左右进行第二次免疫，每只雏鹅肌内注射0.5毫升。对无母源抗体的雏鹅也可提前到2～7日龄首免。

鹅群一旦发生鹅副黏病毒病，立即将未出现症状的鹅隔离出饲养场地，放在清洁无污染场地饲养。对病死鹅要深埋或焚烧处理，彻底消毒饲养场地及用具。鹅群可应用抗血清或卵黄抗体或0.5毫升清开灵注射液加0.2毫升泰灭净作紧急注射，对本病有一定的效果，但6～7天后应注射油乳剂灭活苗。康复鹅应隔离2周后再混群，否则将成为传染源。

第九节　禽大肠杆菌病

一、概述

禽大肠杆菌病是由某些致病血清型或条件致病性大肠杆菌引起的禽类急性或慢性非肠道传染性疾病的总称。大肠杆菌血清型很多，由于家禽年龄、抵抗力、感染途径的不同，可以产生许多不同的病型，包括大肠杆菌性败血症、卵黄囊炎、脐炎、气囊炎、肠炎、输卵管炎、腹膜炎、肉芽肿、全眼球炎及滑膜炎等。

二、流行病学

各种禽类不分品种、性别、日龄均可感染发病，特别是幼龄禽更易感，以鸡、火鸡和鸭最为常见，肉鸡更易感。近年发现鹅也能感染，且主要侵害种鹅、幼鹅。1月龄前后的雏鸡发病较多，育成鸡和成鸡较雏鸡的抵抗力强。

大肠杆菌随粪便排出，蛋壳上污染的大肠杆菌很容易通过蛋壳进入蛋内，发生蛋外感染，另外，大肠杆菌亦可从感染的卵巢、输卵管等处侵入卵内，这样造成本病经蛋垂直传播，引起胚胎在孵化早期死亡，以及后期死胚、弱雏增多。病禽、带菌禽的分泌物、排泄物及被污染的饲料、饮水、用具、垫料及粉尘经过消化道、呼吸道以水平方式传染健康禽，交配或污染的输精管等也可经生殖道造成传染。

本病一年四季均可发生，但以冬春寒冷和气温多变季节多发。常与慢性呼吸道病、新城疫、传染性支气管炎等混合或继发感染。

三、临床症状及病理变化

急性败血症：鸡鸭最常见，3～7周龄的雏鸡多发。病鸡常无明显症状而突然死亡。病程长的常有呼吸道症状，鼻腔分泌物增多，病鸡呆立，挤堆，食欲减退或废绝，排黄白色稀粪，发病率和死亡率较高。剖检可见纤维素性心包炎、肝周炎、气囊炎。肝脏边缘钝圆，肝表面有灰白色坏死灶，肝外有纤维素性白色包膜（图2-17）。各器官呈败血症变化，也可见腹膜炎、卡他性肠炎，肾肿大、紫红色、肺出血、水肿等病变。

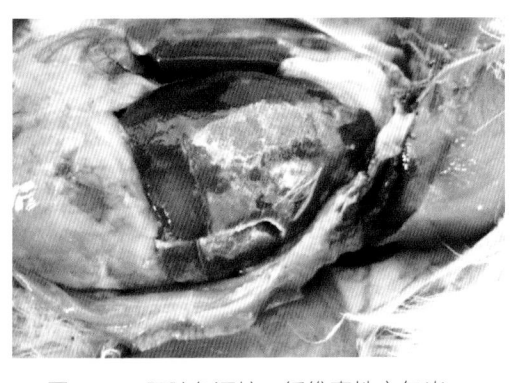

图2-17　肝脏色深棕，纤维素性心包炎、
肝周炎、腹膜炎

图2-18　病鸡排白色、黄绿色稀便

卵黄囊炎和脐炎：是指雏鸡的卵黄囊、脐部及其周围组织的炎症。主要发生于孵化后期的胚胎及1～2周龄的雏鸡，死亡率为3%～10%。雏鸡腹部胀大下垂，脐孔闭合不全，脐环周围炎性肿胀，局部皮下有胶样浸润。排白色或黄绿色泥土样稀粪（图2-18），出壳后第一天或延续几天后死亡。雏鸡卵黄吸收不良，卵黄囊内容物，从黄绿色黏稠物变为干酪样物，或变为黄棕色水样物。

气囊炎：主要发生于5～12周龄的肉鸡，最多发生于6～9周龄。常继发心包炎和肝周炎。病鸡呼吸困难，咳嗽，有啰音，精神差，食欲少，增重慢。剖检可见气囊膜混浊、增厚，上附有纤维素性或黄白色干酪样物。

肠炎型：病鸡排淡黄色粪便，小肠有卡他性或出血性炎症，偶见溃疡，腺胃黏膜充血。

输卵管炎和腹膜炎：多见于产蛋期母鸡。病鸡精神委顿，食欲下降，排白色粪便，消瘦，产蛋下降或停产。由于卵黄落入腹腔内，而造成腹膜炎，外观腹部膨胀，呈"垂腹"现象（图2-19），腹部触诊时，患鸡有痛感。剖检可见输卵管高度扩张（图2-20），管壁增厚，管内有黄色纤维素性渗出物沉着或畸形卵阻滞，有时输卵管内

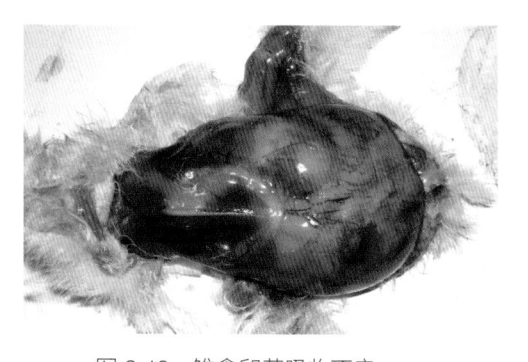

图2-19　雏禽卵黄吸收不良

积大量干酪样渗出物（图2-21）。卵泡变形，呈灰色、褐色或酱色等，有的卵泡皱缩。滞留在腹腔中的卵泡，如果时间较长即凝固成硬块，切面呈层状；破裂的卵黄则凝结成大小不等的碎片。腹腔中充满淡黄色腥臭的液体和破损的卵黄，腹腔内脏器官表面

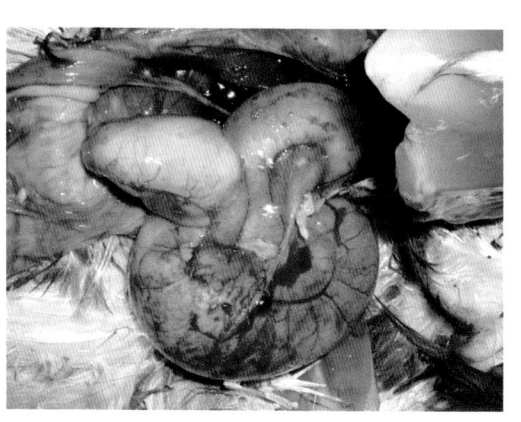

图2-20　成年产蛋母禽输卵管明显膨大

图2-21　输卵管内积大量干酪样渗出物

附有多量黄白色的渗出物，致使各器官组织粘连。肠黏膜可能形成一些绿豆大小圆形暗红色溃疡灶；肝表面亦可能形成一些小的白色坏死灶。

肉芽肿：多发于产蛋期将结束的母禽。一般为慢性经过，无特征性临床症状。剖检以肝脏、心脏、肠系膜和肠管出现典型的针头大至核桃大小的肉芽肿为特征，结节的切面呈黄白色（图2-22），略现放射状、环状波纹或多层性。

图2-22　腹腔浆膜表面有珍珠大小的肉芽肿

关节滑膜炎：一般呈慢性经过，以幼雏中雏感染居多。病鸡关节明显肿大，翅下垂，跛行或不能站立。肿大的关节腔中有灰白色或淡红色的渗出物或有混浊的关节液，滑膜肿胀，增厚。

眼炎：单侧或双侧眼肿胀，有干酪样渗出物，眼结膜充血、出血，眼房液混浊，严重者失明。

四、诊断

从患病动物的相应器官组织中对大肠杆菌进行分离鉴定是有效的诊断方法。使用选择性培养基对大肠杆菌进行培养，若观察到大肠杆菌的特征菌落形态（如在伊红美蓝培养基上成深色并有金属光泽，在麦康凯培养基上为粉色菌落），则可初步鉴定为大肠杆菌，并通过细菌生化试验进一步确诊。

五、防治

（1）科学饲养管理。合理控制好禽舍温度、湿度、密度、光照，搞好禽舍空气净化，降低鸡舍内氨气等有害气体的产生和积聚。饲料内添加复合酶制剂、有机酸、微生态制剂等。

（2）加强消毒工作。加强种蛋收集、存放和整个孵化过程中的消毒管理。孵化室及禽舍内外环境和用具要搞好清洁卫生，并按消毒程序进行消毒。水槽、料槽每天应清洗消毒，定期带鸡消毒以降尘、杀菌、降温及中和有害气体。采精、输精严格消毒，尽量做到每只鸡使用一个消毒的输精管。

（3）提高鸡体免疫力。大肠杆菌血清型较多，不同血清型抗原性不同，不可能针对所有养禽场流行的致病血清型制作菌苗。目前较为实用的方法是，在常发病的养禽场，可从本场病禽中分离致病性的大肠杆菌，选择几个有代表性的菌株制成自家（或优势菌株）多价灭活油佐剂菌苗。在雏鸡 7～15 日龄、25～35 日龄、120～140 日龄各免疫一次，对减少本病的发生具有较好的效果。

同时可以使用维生素 C 按 0.2%～0.5% 拌饲或饮水；维生素 A 按每千克饲料 1.6 万～2 万国际单位拌饲；电解多维按 0.1%～0.2% 饮水连用 3～5 天。

（4）药物防治。选择敏感药物在发病日龄前进行预防性投药，或发病后作紧急治疗。早期投药可促使病鸡痊愈，同时可防止新病例的出现，但在大肠杆菌病发病的后期，若出现气囊炎、卵黄性腹膜炎等较为严重病理变化时，治疗往往不明显或无效。常用药物有庆大霉素、泰乐菌素、环丙沙星、恩诺沙星、氧氟沙星和中草药等。

第十节　禽沙门氏菌病

禽沙门氏菌病是由不同血清型的沙门氏菌所引起的禽类不同类型疾病的总称。包括鸡白痢、禽伤寒和禽副伤寒。其中，鸡白痢是由鸡白痢沙门氏菌所引起，禽伤寒是由鸡伤寒沙门氏菌所引起，禽副伤寒则由其他有鞭毛能运动的多种沙门氏菌所引起。

一、鸡白痢

1. 概述

鸡白痢是由鸡白痢沙门氏菌引起的鸡的传染病。幼雏感染后常呈急性败血症，发病率和死亡率都高，成年鸡感染后，多呈慢性或隐性带菌经过，病菌可随粪便排出，因卵巢带菌，严重影响孵化率和雏鸡成活率。

2. 流行病学

各种品种和年龄的鸡对本病均有易感性，火鸡对本病也有易感性，但仅次于鸡，另外，珍珠鸡、鸭、雏鹅、鹌鹑和鸽子等亦可感染发病。本病以 2～3 周龄以内雏鸡的发病率和病死率为最高，呈流行性。随着日龄的增加，鸡的抵抗力也增强。成年鸡感染常呈慢性或隐性经过。

病鸡、带菌鸡是主要的传染源。本病有多种传播途径，可经卵垂直传播，也可经呼吸道、消化道、眼结膜以及破损的皮肤伤口等途径水平传播。经卵垂直传播是本病最重要的传播方式，带菌卵孵化时，有的形成死胚，有的或孵出病雏。雏鸡的粪便和飞绒中含有大量病菌，被污染的饲料、饮水、孵化器、育雏器等又成为该病的水平传播媒介。感染的雏鸡若不及时治疗，则大部分死亡，耐过鸡长期带菌，成年后产出带菌的卵，若以此作为种蛋孵化，就孵出带菌的雏鸡，则本病可周而复始地代代相传。

3. 临床症状

本病在不同年龄的鸡所表现的病状和经过有着显著的差异。

雏鸡：如经蛋内感染，在孵化过程中出现死亡，孵出的弱雏或病雏常于 1～2 天内死亡，并造成雏鸡群的横向感染。出壳后感染的雏鸡，多在孵出后几天出现明显的症状。7～10 天后雏鸡群内病雏日渐增多，在第二、第三周达高峰。最急性者，无症状迅速死亡。

稍缓者表现精神委顿，闭眼昏睡，不愿走动，怕冷，拥挤，常靠近热源。病初食欲减少，而后停食，多数出现软嗉症状，腹泻，排稀薄白色浆糊状粪便，肛门周围绒毛常被粪便污染，有的因粪便干结封住肛门，影响排粪，同时由于肛门周围炎症引起疼痛，病雏常发出尖锐的叫声，最后因呼吸困难及心力衰竭而死亡。有的出现眼盲，有的关节肿胀、跛行。20日龄以上的雏鸡病程较长。3周龄以上发病的极少死亡。耐过鸡生长发育不良，成为慢性患者或带菌者。

青年鸡：地面平养比网养和笼养多发。青年鸡发病多与环境卫生条件恶劣有关。鸡群整体食欲、精神尚可，鸡群中不断出现精神差、食欲少、下痢的鸡，没有死亡高峰而是每天都有鸡死亡，数量不一。病程较长，可拖延20～30天，死亡率可达10%～20%。

成年鸡：多呈慢性经过或隐性感染。一般不见明显的临床症状，当鸡群感染严重时，可明显影响产蛋量，产蛋高峰不高，维持时间也短。仔细观察鸡群可发现有的鸡产蛋少或根本不产蛋。有的鸡冠萎缩，有的开产时鸡冠发育尚好，以后则表现鸡冠逐渐变小、苍白。病鸡有时下痢。极少数病鸡表现精神委顿，腹泻，排白色稀粪，产蛋停止。有的感染鸡因腹膜炎，而呈"垂腹"现象，有时成年鸡可呈急性发病。

4.病理变化

雏鸡：急性死亡的雏鸡病变不明显，只见肝肿大、充血或有条纹状出血。其他脏器充血。病程稍长的病雏，可见卵黄吸收不良，其内容物色黄如油脂状或干酪样（图2-23）。肝有灰白色坏死点（图2-24）。有的病雏在心肌、肺、盲肠、大肠及肌胃肌肉中亦有坏死灶或结节。胆囊肿大。输尿管内充满尿酸盐。盲肠中有干酪样物堵塞肠腔，有时还混有血液，常有腹膜炎（图2-25）。死于几日龄的病雏，可见出血性肺炎，

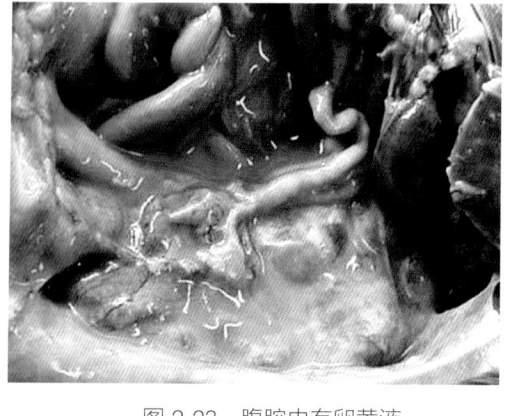

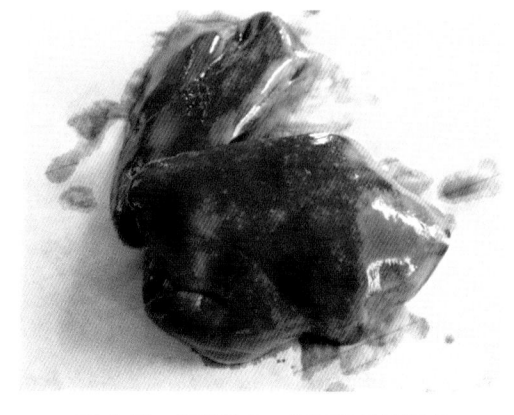

图2-23　腹腔内有卵黄液　　　　　　　　图2-24　肝脏肿大，有灰白色坏死点

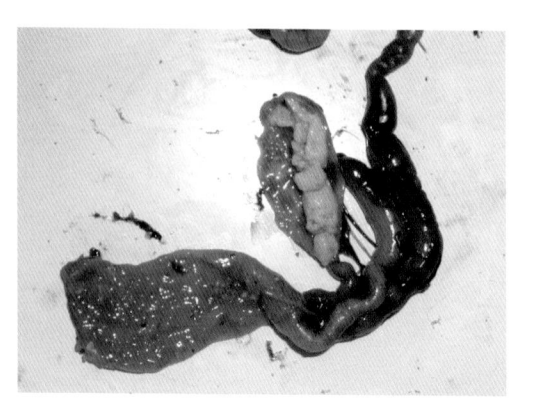

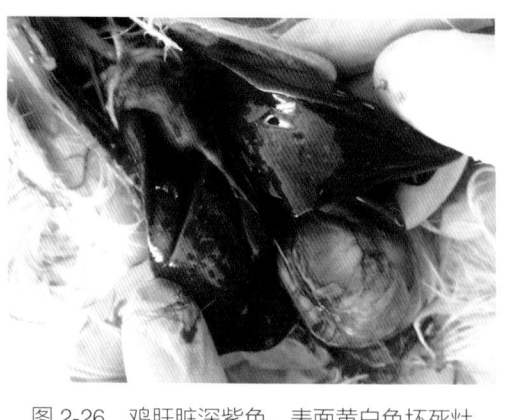

图 2-25　盲肠内容物呈干酪样　　　　图 2-26　鸡肝脏深紫色，表面黄白色坏死灶

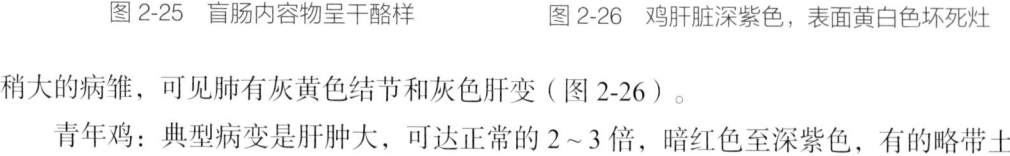

稍大的病雏，可见肺有灰黄色结节和灰色肝变（图 2-26）。

青年鸡：典型病变是肝肿大，可达正常的 2～3 倍，暗红色至深紫色，有的略带土黄色，表面可见散在或弥漫性的出血点或黄白色粟粒大或大小不一的坏死灶，质地极脆，易破裂。有的肝被膜破裂，破裂处有较大的凝血块。

成年鸡：成年母鸡，输卵管炎（图 2-27），卵泡变形、变色，呈囊状，有腹膜炎。有些卵泡坠入腹腔，引起广泛的腹膜炎及腹腔脏器粘连。心脏有坏死灶（图 2-28），并常有心包炎，其严重程度和病程长短有关。轻者只见心包膜透明度较差，含有微混的心包液。重者心包膜变厚而不透明，逐渐粘连，心包液显著增多，在腹腔脂肪中或肌胃及肠壁上有时发现琥珀色干酪样小囊包。

成年公鸡的病变，常局限于睾丸及输精管，睾丸极度萎缩，有小脓肿，输精管管

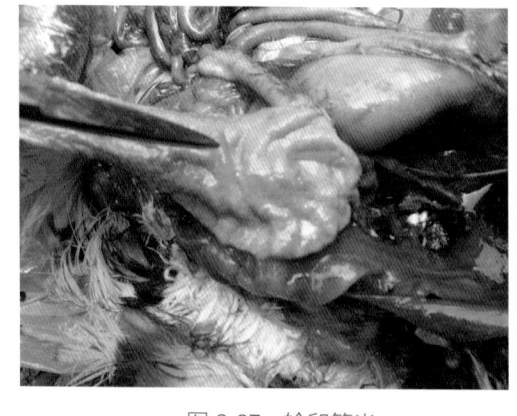

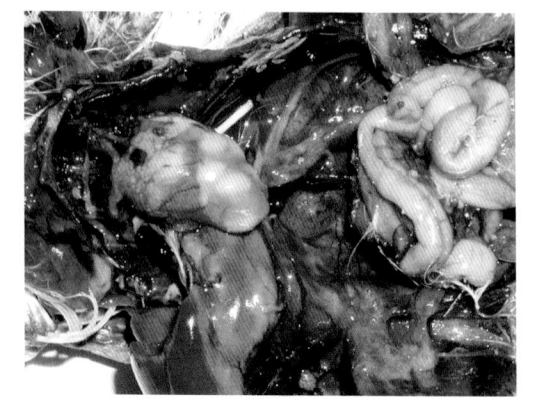

图 2-27　输卵管炎　　　　　　　　　图 2-28　心脏有白色隆起的坏死灶

腔增大，充满稠密的均质渗出物。

5. 诊断

可根据鸡群的临床症状、病理变化等作初步诊断。对鸡白痢沙门氏菌进行分离鉴定来进行确诊，并与禽伤寒沙门氏菌进行区分。分离到沙门氏菌后，通过观察菌落形态及生化反应试验进行鉴定，其中鸟氨酸脱羧试验是区分两种病原菌的可靠手段。近年来，PCR也成为鉴定两种病原菌的辅助方法。利用商品化标准抗原，采集鸡血清进行试管凝集试验及血清平板凝集试验，是目前养殖场常用的检测手段，对该病的诊断及精华有重要的临床应用价值。对于该病的诊断，可参考农业行业标准 NY/T 2838-2015《禽沙门氏菌病诊断技术》进行。

6. 防治

（1）建立和培育无鸡白痢的种鸡群。坚持自繁自养、全进全出的饲养模式，慎重从外地引进种蛋、种鸡。对种鸡群以全血平板凝集反应进行检疫。第1次检查于60～70日龄进行，第2次在16周龄进行，以后每隔1个月检查1次，发现阳性鸡及时淘汰，直至鸡群的阳性率不超过0.5%为止。

（2）加强孵化消毒。孵化时，用季铵盐类消毒剂喷雾消毒种蛋，拭干后再入孵。不安全鸡群的种蛋，不得进入孵化室。每次孵化前应对种蛋、孵化器、出雏器和孵化室用福尔马林熏蒸消毒。

（3）加强育雏管理。鸡舍及一切用具要注意经常清洁消毒。育雏室及运动场保持清洁干燥，饲料槽及饮水器每天清洗一次。育雏室温度维持恒定，采取高温育雏，并注意通风换气，避免过于拥挤。发现病雏，要迅速隔离消毒。

（4）应用微生态制剂。注意在用微生态制剂的前后4～5天应该禁用抗生素类药。

（5）药物预防。雏鸡出壳后半月内可在饲料或饮水中轮换或交替添加敏感药物进行预防。

（6）治疗。某些抗生素对本病有一定的疗效。这些药物使用后均可减少雏鸡死亡，但不能清除带菌鸡。沙门氏菌对多种抗菌药物敏感，但由于长期滥用抗生素，对抗生素耐药现象普遍，所以在治疗时应根据药敏试验结果选择敏感药物应用。治疗要早，一旦发现鸡群中病死鸡增多，确诊后立即全群给药。

二、禽伤寒

1.概述

禽伤寒是由鸡伤寒沙门氏菌引起鸡、鸭和火鸡等禽类的一种急性或慢性败血性传染病，以肝肿大、呈青铜色和下痢为特征。

2.流行病学

本病主要发生于鸡，也可感染火鸡、鸭、珍珠鸡和鹌鹑等。但野鸡、鹅和鸽子不易感。成年鸡和青年鸡最易感。

禽伤寒可通过多种途径传播，经卵垂直传播是本病最重要的传播方式，也可通过排出的粪便污染饲料、饮水等经消化道进行水平传播。

3.临床症状

潜伏期一般为4～5天。

雏鸡：嗜睡、虚弱（图2-29）、生长不良、食欲不振和肛门周围黏附有白色粪便（图2-30），有的可见到张口喘气等呼吸困难症状。

青年鸡与成年鸡：鸡群急性感染禽伤寒时，最初表现为饲料消耗量突然下降，精神萎靡、羽毛松乱、头部苍白、鸡冠萎缩。感染后的2～3天内，体温升高达42～44℃，感染后通常于5～10天之内死亡。病死率可从10%～50%或者更高。

火鸡：暴发禽伤寒时，则表现为渴欲增加，食欲不振，下痢，排绿色或黄绿色粪便（见图2-31）。体温高达44～45℃。初发时死亡严重，随后便是间歇性复发，死

图2-29　病鸡虚弱、嗜睡

图2-30　病鸡肛门周围粘有白色粪便

亡也不太严重。

4. 病理变化

雏鸡病变与鸡白痢相似。成年鸡，最急性者眼观病变轻微或不明显。急性者常见肝、脾、肾充血肿大。亚急性和慢性病例，特征病变是肝肿大呈青铜色，肝和心肌有灰白色粟粒大坏死灶，心包炎，肠道卡他性炎症。卵泡及腹腔病变与鸡白痢亦相同。

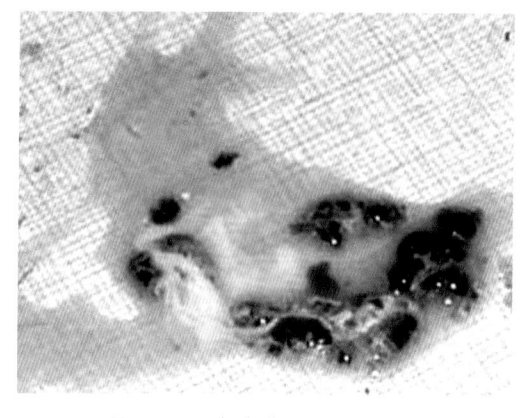

图 2-31　病鸡排出黄绿色稀便

雏鸭感染时，见心包膜出血，脾轻度肿大，肺及肠呈卡他性炎症。成年鸭感染后，卵巢和卵泡有变化，与成年母鸡病变类似。

5. 诊断

与鸡白痢基本相同。

6. 防治

与鸡白痢基本相同。

三、禽副伤寒

1. 概述

禽副伤寒是由其他有鞭毛能运动的多种沙门氏菌所引起的禽类传染病的总称，各种家禽及野禽均易感，家禽中以鸡和火鸡最常见。

2. 流行病学

各种品种的鸡均易感。常在孵化后两周之内感染发病，6～10 日龄达最高峰。呈地方流行性，病死率从很低到 10%～20%，严重者高达 80% 以上。

禽副伤寒可通过消化道等途径水平传播，也可经卵垂直传播。病禽、污染的饲料、饮水和蛋壳可成为主要的传播媒介。

3. 临床症状

经带菌卵感染或出壳雏鸡在孵化器感染病菌，常呈败血症经过，往往不显任何症

状迅速死亡。年龄较大的幼鸡常表现亚急性经过,主要表现水样下痢。病程为 1～4 天。常在 10 日龄内严重暴发,1 月龄以上幼禽一般很少死亡。成年鸡感染后呈隐性或慢性经过,一般不表现症状,有时腹泻。

雏鸭感染本病常见颤抖、喘息及眼睑浮肿等症状。常猝然倒地而死,故有"猝倒病"之称。

4. 病理变化

最急性死亡的病雏,无可见病理变化。病期稍长的,肝、脾充血,有条纹状或针尖状出血和坏死灶,肺及肾出血,心包炎,常有出血性肠炎。成年鸡,肝、脾、肾充血肿胀,有出血性或坏死性肠炎、心包炎及腹膜炎,产卵鸡的输卵管坏死、增生、卵巢坏死、化脓。

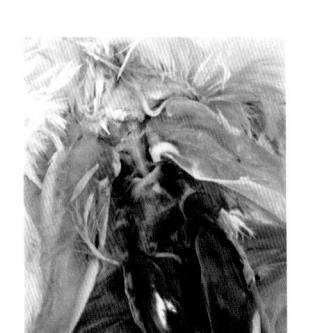

图 2-32　肝脏肿大,
呈青铜色

雏鸭肝脏呈青铜色,并有灰色坏死灶（图 2-32）。气囊呈现轻微混浊,具有黄色纤维蛋白样斑点;肝脏显著肿大,有时有坏死灶;盲肠内形成干酪样物,直肠肿大并有出血斑点。还有心包炎、心外膜炎及心肌炎。

5. 诊断

与鸡白痢基本相同。

6. 防治

防治措施与鸡白痢同。治愈后家禽仍可长期带菌,因此治愈的幼禽不能留作种用。为了防止本病从禽传染给人,应加强屠宰检验,病禽应严格执行无害化处理。饲养员、兽医、屠宰人员以及其他经常与禽及其产品接触的人员,应注意卫生消毒工作。

第十一节　禽巴氏杆菌病

一、概述

禽巴氏杆菌病又称禽霍乱、禽出血性败血症,是由多杀性巴氏杆菌引起的一种急性传染病。主要特征是发病急，流行快，剧烈腹泻，出现急性败血性，死亡率高。也可出现慢性经过，慢性病例发生肉髯水肿和关节炎。

二、流行病学

各种家禽和野禽均对巴氏杆菌具有较高的易感性，家禽中以鸡、火鸡、鸭最易感，鸭比鸡更易感，多呈最急性和急性型，鹅易感性较差。雏鸡对巴氏杆菌有一定的抵抗力，较少感染，3～4月龄的鸡和成年鸡较容易感染。

巴氏杆菌是一种条件病原菌，在某些鸡的呼吸道存在该菌。家禽一旦发生本病，很难查出其传染源。本病既可因外源性感染而发病，也可因内源性感染而发病。本病可通过呼吸道、消化道和损伤的皮肤、黏膜感染。病鸡的羽毛、排泄物、分泌物及污染的饲料、笼具、饮水等都是传染的主要媒介。

禽霍乱的发生没有明显的季节性，但以冷热交替、闷热、潮湿、多雨的时期较为多见。

三、临床症状

自然感染的潜伏期一般为2～9天，人工感染通常在24～48小时发病。

最急性型：常见于流行初期，以产蛋高的鸡最常见。病鸡常无前驱症状，有时见病鸡精神沉郁，倒地挣扎，拍翅抽搐，病程短者数分钟，长者也不过数小时死亡（图2-33）。

急性型：此型常见。病鸡体温升高到43～44℃，精神沉郁，闭目缩颈（图2-34），食欲下降或废绝，渴欲增加。常有腹泻，排出黄色稀粪。呼吸困难，口、鼻分泌物

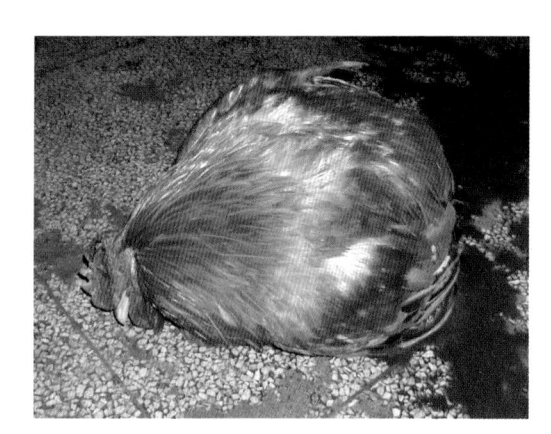

图2-33　最急性型无前驱症状，突然倒地、拍翅、抽搐、迅速死亡，鸡冠发紫

增加。冠和肉髯青紫色，有的病鸡肉髯肿胀，有热痛感。最后衰竭、昏迷死亡，病程短的约半天，长的1～3天，病死率很高，多发生在成年鸡。发病鸡群产蛋量减少甚至停止。

慢性型：多发生在流行的后期，也可由急性型病例耐过后转变而来，或由毒力较弱的菌株引起。以慢性肺炎、慢性呼吸道炎和慢性胃肠炎较多见。病鸡常表现冠、髯

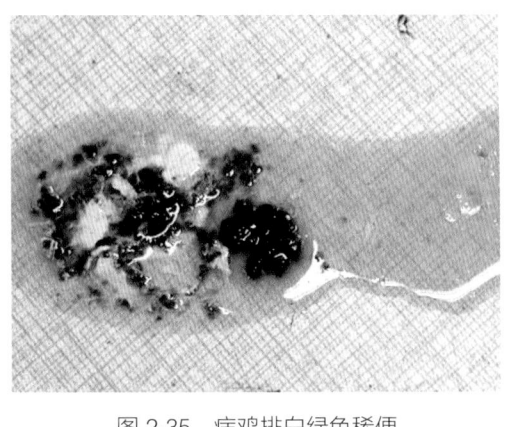

图 2-34　病鸡闭目缩颈，呼吸困难 图 2-35　病鸡排白绿色稀便

苍白，呼吸困难（图 2-34），消瘦，腹泻（图 2-35）。关节肿大，有的发生跛行。少数病例可见鼻窦肿大，鼻腔分泌物增多，分泌物有特殊臭味。有的病鸡出现长期腹泻。病程长的可达几周，鸡群产蛋量下降。

鸭发生急性霍乱的症状与鸡基本相似，常以病程短促的急性型为主。病鸭精神委顿，不愿下水游泳，即使下水，行动缓慢，常落于鸭群的后面或独蹲一隅，闭目瞌睡。羽毛松乱，缩头弯颈，食减或不食，渴欲增加，嗉囊积食。口和鼻有黏液流出，呼吸困难，并常常摇头，以便排出积在喉头的黏液，故有"摇头瘟"之称。粪便腥臭，呈白色或铜绿色，有的粪便混有血液。病程稍长者可见局部关节肿胀，病鸭发生跛行或完全不能行走。

成年鹅的症状与鸭相似，雏鹅发病和死亡较成年鹅严重，常以急性为主，精神委顿，食欲废绝，拉稀，喉头有黏稠的分泌物。喙和蹼发紫，翻开眼结膜见有出血斑点，病程 1～2 天即死亡。

四、病理变化

最急性型无特殊病理变化，有时能看见心外膜及心冠状沟有少许出血点。

急性型病变较为特征。病鸡的腹膜、皮下组织、肠系膜、浆膜、黏膜及腹部脂肪常见点状出血。心包变厚，心包内积有多量不透明淡黄色液体，有的含纤维素性絮状液体，心外膜、心冠脂肪出血尤为明显。肺充血、有出血点。肝脏病变具有特征性，肝稍肿，质变脆，呈棕色或黄棕色，肝表面散布有许多灰白色、针头大的坏死点（图 2-36）。鸡的日龄越大，病程越长，肝脏上有坏死灶的病例越多。脾脏一般不见明显变化，或稍微肿大，质地较柔软。肌胃出血显著，肠道尤其是十二指肠呈卡他性和出血性肠炎，肠黏膜呈暗红色，有弥漫性出血，肠内容物含有血液，有时肠黏膜上附有黄色的纤维素性渗出物。

慢性型因侵害的器官不同而有差异。当以呼吸道症状为主时，鼻腔、气管、支气管呈卡他性炎症，鼻腔和鼻窦内有多量黏性分泌物。局限于关节炎和腱鞘炎的病例，主要见腿部和翅膀等部位的关节肿大

图 2-36　病鸡肝脏表面灰白色针尖大坏死点

变形，有炎性渗出物和干酪样坏死。公鸡的肉髯肿大，内有干酪样的渗出物，母鸡的卵巢明显出血，有时在卵巢周围有一种坚实、黄色的干酪样物质，附着在内脏器官的表面。

鸭的病理变化与鸡基本相似，心肝的病变相同。肺呈多发性肺炎，间有气肿和出血。鼻黏膜充血或出血。肠道以小肠前段和大肠黏膜充血和出血最严重。小肠后段和盲肠较轻。雏鸭为多发性关节炎，主要可见关节面粗糙，附着黄色的干酪样物质或红色的肉芽组织。关节囊增厚，内含有红色浆液或灰黄色、混浊的黏稠液体。肝脏发生脂肪变性和局部坏死。

五、诊断

需综合临床症状，病理变化以及细菌分离进行初步诊断。分离到病原菌后，通过生化反应试验进行确诊，PCR 方法也可用于对细菌进行鉴定。具体诊断方法可参考农业行业标准 NY/T 563-2016《禽霍乱（禽巴氏杆菌病）诊断技术》。

六、防治

（1）一般预防措施。加强饲养管理，尽量做到全进全出。引进种禽时，必须从无病禽场购买。严格执行卫生消毒制度。由于本病菌为条件致病菌，各种不良因素都会导致机体抵抗力下降而引起发病，因此应尽量消除各种诱因的发生，如禽群拥挤、圈舍潮湿、营养缺乏，有寄生虫寄生或长途运输等。

（2）免疫接种。由于免疫期短，疫苗免疫不理想。但在禽霍乱常发地区，还应接种菌苗进行预防。目前国内预防禽霍乱使用的活苗为禽霍乱 G190E40 弱毒菌苗，常采用饮水免疫，一般在 6～8 周龄首免，10～12 周龄二免，免疫期为 3～3.5 个月；灭活菌苗有禽霍乱氢氧化铝苗、禽霍乱蜂胶苗等，常采用肌内注射，一般在 10～12 周龄首免，

16 ~ 18 周龄再次免疫，免疫期为 3 ~ 6 个月。有条件的鸡场，可以用本场的病死鸡肝脏制成禽霍乱组织灭活苗，也可分离病死鸡体内致病菌株，制成氢氧化铝甲醛灭活菌苗，以取得良好的免疫效果。

（3）药物预防。可以定期在饲料或饮水中加入抗生素或磺胺类药物进行预防。药物预防时，容易导致菌群失调，且容易产生耐药菌株，停药后可再度复发，应慎重用药。

（4）治疗。壮观霉素、氟苯尼考、氟哌酸等对本病都有很好的治疗作用。有条件的鸡场可通过药敏试验选择应用。

在治疗病鸡的同时，对假定健康鸡群饲料中添加药物进行预防。也可以对假定健康鸡群应用自家灭活菌苗，进行紧急预防注射。对禽舍、周围环境和饲养管理用具，应彻底消毒，粪便及时清除，堆积发酵处理，将病死鸡全部烧毁或深埋。

第十二节　坏死性肠炎

一、概述

坏死性肠炎又称肠毒血症，是由产气荚膜梭菌引起的一种急性传染病。主要表现是排出红褐色乃至黑褐色煤焦油样稀粪，病死鸡以小肠后段黏膜坏死为特征。

二、流行病学

本病多发于 2 周龄至 6 月龄的鸡，尤以 2 ~ 8 周龄地面平养的肉鸡及 4 ~ 5 月龄的蛋鸡多发。

产气荚膜梭菌在自然界广泛存在，如水、土壤、饲料以及动物的肠道内都含此菌。鸡主要经消化道摄入病菌而感染。产气荚膜梭菌又是一种条件性致病菌，常存在于鸡的消化道中，一般不引起发病，当受到应激或机体的抵抗力下降时即可诱发本病。尤其当鸡群患有球虫病等肠黏膜受到损伤后，致使该菌在肠道内大量繁殖，促使本病的发生。

本病涉及区域广泛，发病率为 6% ~ 38%，死亡率一般在 6% 左右。其显著的流行特点是，在同一区域或同一鸡群中反复发作，断断续续地出现病死鸡和淘汰鸡，病程持续时间长，可直至出栏。本病无明显的季节性，多以温暖潮湿的季节多发。

三、临床症状

本病以突然发病、急性死亡为特征。病鸡表现明显的精神沉郁，闭眼嗜睡，生长发育受阻。腹泻，有时排黄白色稀粪，有时排黄褐色糊状臭粪，有时排红色乃至黑褐色煤焦油样粪便（图2-37），有时粪便混有肠黏膜组织，食欲严重减退。病程稍长的，有的出现神经症状。病鸡翅腿麻痹，颤动，站立不起，瘫痪，双翅拍地，触摸时发出尖叫声。

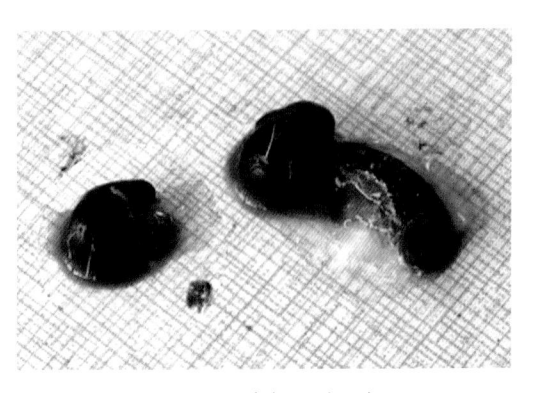

图 2-37　粪便呈暗黑色

四、病理变化

打开腹腔尸体有腐臭味。主要病变部位集中在肠道，尤以中、后段较为明显。小肠显著肿大至正常的 2～3 倍，肠管变短，肠壁变薄，肠黏膜附着疏松或致密伪膜，伪膜外观呈黄色或黄褐色。小肠内有

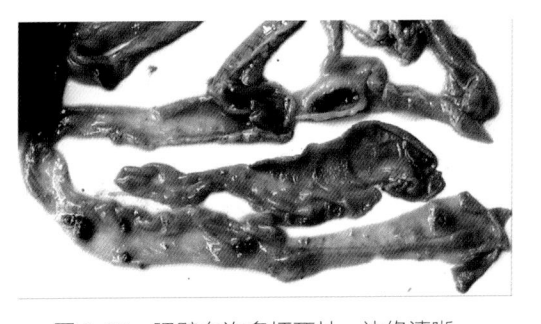

图 2-38　肠壁有许多坏死灶，边缘清晰，
中央凹陷，深达黏膜肌层

消化不良的食物残渣及大量的红褐色、黑色含有血液的内容物，呈"西红柿样"。有些病例在肠黏膜可见散在的灰白色坏死点。与小肠球虫病并发时，肠内容物混有碎的小血凝块，呈柿黄色，肠壁有大头针帽大的出血点或坏死灶（图2-38）。

五、诊断

根据临床剖检病变及细菌分离培养结果可确诊该病，并注意与溃疡性肠炎和艾美耳球虫感染病例进行区分。也可用 PCR 方法对鸡胃肠道内分离的细菌进行检测诊断。

六、防治

（1）预防。加强饲养管理，搞好环境卫生和消毒工作，避免舍内湿度过大，在饲粮中添加维生素、矿物质以及微量元素等，以增加机体抵抗力，同时尽量减少应激因素。保管好动物性蛋白质饲料，防止有害菌污染。常发地区可在饲料中添加药物进行预防。患有球虫病、组织滴虫病时应及时治疗，以免造成本病的继发感染。

（2）治疗。林可霉素、庆大霉素、杆菌肽、青霉素以及泰乐菌素等对本病有都良好的治疗作用。一般通过饮水或混饲给药，治疗时可同时添加抗球虫药物可提高疗效。

第十三节　鸡弯曲杆菌性肝炎

一、概述

鸡弯曲杆菌性肝炎又称鸡弧菌性肝炎，是由弯杆菌引起鸡的一种细菌性传染病。以腹泻，肝脏肿大、出血、坏死为特征。近年来，在蛋鸡养殖业中，该病给生产带来的损失很大。

二、流行病学

本病可感染鸡和火鸡，可发生于各日龄的鸡。鸭、鹅、鹌鹑、猪、牛、羊可带菌。病鸡和带菌畜禽是主要传染源，通过其粪便污染饲料、饮水、用具及周围环境，经消化道感染健康鸡，多为散发或地方性流行。

饲养管理不良、应激、球虫病以及滥用抗生素致肠道菌群失调等，都可促使本病的发生。本病发病率高、死亡率低。该病常与鸡马立克氏病、新城疫、鸡毒支原体感染以及大肠杆菌病、沙门氏菌病等混合感染，使鸡群的死亡率增加。

三、临床症状

临诊症状严重程度取决于空肠弯杆菌或结肠弯杆菌的菌株、感染的剂量、宿主的年龄以及发生的环境、应激因素、免疫状况以及并发病等。一些免疫抑制性疾病会增强弯杆菌的致病力。

急性型：发病初期，有的不见明显症状，雏鸡群精神倦怠、沉郁。严重者呆立缩颈、闭眼，对周围环境敏感性降低；羽毛杂乱无光，肛门周围污染粪便；多数鸡先排黄褐色腹泻，然后粪便呈糨糊样，继而呈水样，部分鸡此时即急性死亡。雏鸡常呈急性经过。

亚急性型：呈现脱水，消瘦，最后心力衰竭而死亡。

慢性型：精神委顿，鸡冠发白、干燥、萎缩，可见鳞片状皮屑，逐渐消瘦，饲料消耗减少。青年鸡开产期延迟，产蛋初期软壳蛋，沙壳蛋较多，不易达到产蛋高峰期。

产蛋鸡产蛋率下降25%～35%。

四、病理变化

病鸡尸体消瘦，血液凝固不全。主要病变在肝脏，肝脏肿胀、黄褐色、质脆，肝实质内有多量星状黄色小坏死灶（图2-39），或布满菜花样坏死区，肝被膜下有大小不等的出血灶。胆囊内充满黏性分泌物。慢性病例肝硬化、萎缩，并伴有腹水；脾肿大，偶见黄色易碎的梗死区；卵巢可见卵泡萎缩退化，常伴有腹水或心包积液。

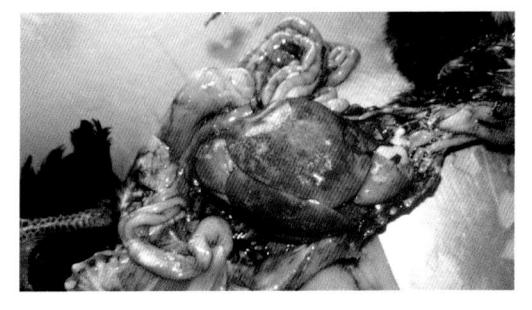

图2-39　肝脏肿大、色黄、
表面特征性坏死灶——星状坏死

空肠、回肠及盲肠膨大充满气体，肠黏膜充血、出血。心冠脂肪及心外膜有时见出血点。

五、诊断

弯曲菌需使用特殊的培养基并在较为严格的环境下（含有5%氧气，10%二氧化碳和85%氮气，42℃培养）进行分离培养。必要时可先进行增菌培养，再通过使用含有特殊抗生素的培养基，进行平板接种，分离病原菌。在固体培养基上培养48小时后，可见典型的弯曲菌菌落，并通过生化试验进行鉴定。目前PCR技术已广泛应用于弯曲菌的鉴定，该方法虽无法区分活菌或死菌，但与细菌分离培养方法相结合，可提高弯曲菌诊断效率及准确性。此外，免疫酶试验也已用于直接检测临床样品，并已有商品化试剂盒销售。与传统方法相比，免疫酶试验敏感性略低，但检测耗时较短。

六、防治

（1）预防。加强饲养管理，严格卫生消毒，减少各种应激因素。防止粪便污染饲料、饮水，及时清除带菌可疑病鸡。注意预防寄生虫病、鸡毒支原体感染等消耗性疾病和传染性法氏囊病、马立克氏病等免疫抑制性疾病，以提高机体抵抗力。

（2）治疗。发病后隔离病鸡，加强消毒，首选药物最好根据本场分离菌的药敏试验确定。不能做药敏试验的，应根据平时用药情况，尽量避免重复用药。在治疗的同时，可在饮水中适当添加复合维生素、电解质等以减轻各种应激反应。

第十四节　绿脓杆菌病

一、概述

绿脓杆菌病又称绿脓杆菌感染，是由绿脓杆菌引起雏鸡的一种急性、败血性传染病，其特征是发病急、病程短，病雏高度沉郁，严重腹泻，皮下水肿，衰竭，脱水，角膜混浊，很快死亡。

二、流行病学

绿脓杆菌在自然界分布广泛，动物体表、肠道处都有本菌存在，是一种条件性致病菌。1～35日龄雏鸡对绿脓杆菌的易感性最高，尤其是1周龄内的雏鸡，随着日龄的增加，抵抗力逐渐增强。本病通常多见于伤口感染。鸡绿脓杆菌感染主要发生在集约化养鸡场，而且多为孵化室感染。孵化场消毒不严，孵化过程中的死胚、毛蛋、新生雏的体表和体内、出孵后的蛋壳等带有的绿脓杆菌污染了孵化室即可引起出壳雏鸡大批发病。卫生状况差、注射器污染以及育雏温度过低、通风不良、环境恶劣等应激因素是造成绿脓杆菌病暴发的主要原因。

本病一年四季均可发生，但以春季出雏季节多发。

三、临床症状

潜伏期一般24小时左右。临床上多呈急性经过。病雏精神极度沉郁，皮下水肿，腹部膨大，呈腹式呼吸。下痢，排出黄绿色水样稀便。有的眼睛潮湿，角膜或眼前房混浊，眼中常带有淡绿色脓性分泌物，时间长者常造成单侧眼球下陷眼失明。颈部水肿，严重病鸡胸腹部、两腿内侧皮下也见水肿。病鸡脱水、全身衰竭，很快死亡。病程一般1～3天，死亡高峰集中在3～5日龄。有的鸡表现神经症状，站立不稳，动作不协调，头颈后仰，最后倒地死亡。若孵化器被绿脓杆菌污染，在孵化过程中会出现爆破蛋，同时出现孵化率降低，死胚增多。

四、病理变化

早期急性死亡病雏无明显肉眼变化。大多数死鸡在头颈部皮下特别是头周围有大量黄绿色胶冻样渗出物，脐部皮下亦有黄色胶冻样浸润。头颈部肌肉和胸肌有出血点或出血斑。内脏器官有不同程度充血、出血。肝脏呈棕黄色，有淡色条纹，病程稍长的可见肝脏有坏死灶，脾淤血（图2-40）。有的雏鸡心包积胶冻状液，心外膜有出血点。气囊混浊，增厚。未吸收的卵黄呈黄绿色，内容物呈豆腐渣样。腺胃黏膜脱落，肌胃角质层有出血斑，易于剥落。肠黏膜充血、出血严重。侵害关节者，关节肿大，关节液混浊增多。死胚表现为胚颈后部皮下肌肉出血，尿囊液呈灰绿色，腹腔中残留较大的尚未吸收的卵黄液。

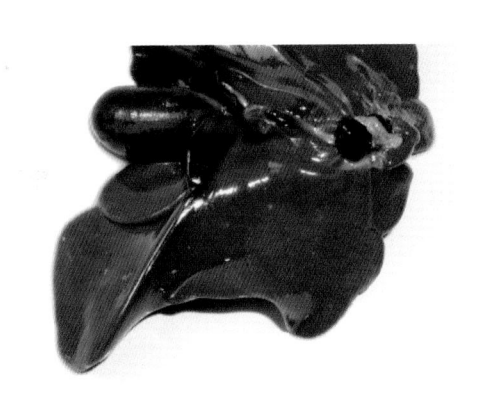

图 2-40　肝脏肿大，有出血点和小坏死灶，
胆囊扩张

五、诊断

取鸡心、肝、脾等内脏器官或皮下水肿液，接种于普通琼脂培养基进行分离培养，观察到特征型菌落，同时接种于肉汤培养基后若培养基颜色为黄绿色且出现菌膜，结合患病动物临床症状表现，可做初步诊断。后进行生化试验进行确诊，并使用标准血清对分离到的病原菌进行血清定型。PCR技术目前也已广泛用于绿脓杆菌的鉴定。

六、防治

预防该病的发生，重要的是搞好鸡舍、种蛋、孵化器及孵化场所等环境和工作人员的消毒工作。种蛋在孵化之前可用福尔马林熏蒸（蛋壳消毒）后再入孵。同时还应尽量减少应激因素的发生。禽笼应尽量平整，以免刺伤皮肤，在禽舍空出后要做彻底消毒。另外还可在饲料或饮水中添加药物预防。对雏鸡进行马立克氏苗免疫注射时，要注意注射针头的消毒卫生，避免通过此途径将病原菌带入鸡体内。

一旦暴发本病，选用高敏药物进行拌料、紧急注射或饮水治疗可很快控制疫情。常用庆大霉素、妥布霉素、氧氟沙星等进行拌料、紧急注射或饮水治疗可很快控制疫情。另外，也可用庆大霉素给雏鸡饮水作预防，并对发病鸡舍进行彻底消毒。

第十五节 鸡球虫病

一、概述

鸡球虫病是由一种或多种艾美耳球虫寄生于鸡肠道上皮细胞引起的原虫病，主要表现出血性肠炎。本病在世界各地普遍存在，尽管现代化养鸡防治措施严格，但球虫病仍有不断发生。因而鸡球虫病是常见多发和防治困难的疾病之一。雏鸡发病率和死亡率都高，成年鸡一般不发病，为带虫者。

二、流行病学

所有日龄和品种的鸡对球虫都有易感性。球虫病多发于3月龄以内的幼鸡，其中以15~50日龄的鸡最易感，很少见于11日龄以内的雏鸡，成鸡多为带虫者。禽球虫为细胞内寄生虫，对宿主和寄生部位有严格的选择性，即侵袭鸡的球虫不会侵袭火鸡等其他家禽，而感染其他家禽的球虫亦不会感染鸡。

发病时间与气温和雨量关系密切。通常在温暖潮湿的季节流行。北方以4~9月多发，7~8月为高峰期，南方及北方密闭式现代化鸡场，一年四季均可发病。鸡舍潮湿、拥挤、饲料品质差以及维生素A和维生素K缺乏可促进本病的发生与流行。

三、临床症状

急性型：多见于雏鸡，病程1~3周，病初精神沉郁，羽毛蓬松，头卷缩，食欲减退，腹泻。以后由于大量细胞被破坏和自体中毒，引起运动失调，翅膀轻瘫，缩头闭眼，嗉囊积液，消瘦，鸡冠及可视黏膜苍白，排水样稀便，并带有少量血液及脱落的肠黏膜。盲肠球虫病，粪便呈棕红色，以后变为纯粹血粪（图2-41，图2-42），出现血便后1~2天死亡，15~50日龄的雏鸡发病率可达50%~70%，死亡率达50%~80%。急性小肠球虫病，粪便一般呈酱油色，死亡率不会太高，但病程长达数周，耐过鸡发育受阻。

慢性型：多见于2月龄以上的鸡，症状类似急性型，但不明显，病程拖至数周或数月。表现为间歇性下痢，粪便色暗，腥臭。嗉囊积液，逐渐消瘦，足、翅轻瘫。鸡群均匀度差，肉鸡生长缓慢，死亡率低。成年鸡一般不发病，但为带虫者，增重和产蛋能力降低。

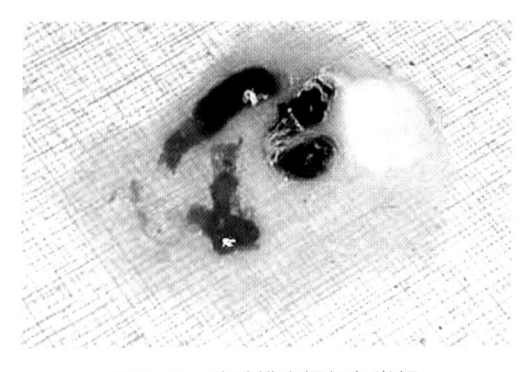

图 2-41　病鸡排出橘红色粪便

图 2-42　病鸡排出血性粪便

四、病理变化

病变主要在肠道，特点为出血性肠炎。其他器官变化不明显。盲肠球虫病，两侧盲肠显著肿大（图 2-43，图 2-44），可为正常的 3～5 倍，切开盲肠可见肠腔中充满凝固的或新鲜的暗红色血液，肠黏膜坏死脱落与血液混合形成干酪样物。肠壁浆膜可见灰白色小斑点，病鸡胸肌苍白（图2-45）。

慢性小肠球虫病，因球虫种类不同，在小肠不同部位的浆膜上有大小不等的出血点和坏死斑点。肠管中有凝固的血液或有胡萝卜色胶冻状的内容物。毒害艾美耳球虫损害小肠中段，小肠中部高度肿胀与气胀，有时可达正常的 2 倍以上（图 2-46，

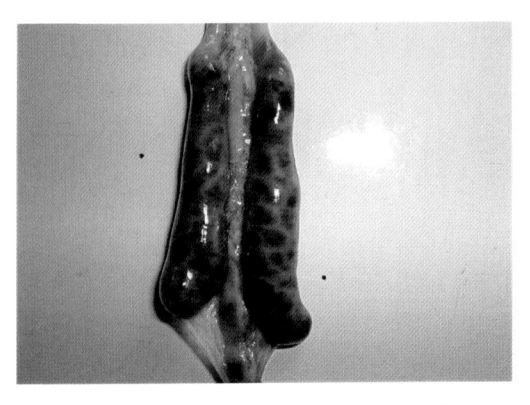

图 2-43　盲肠球虫病可见盲肠膨大变粗

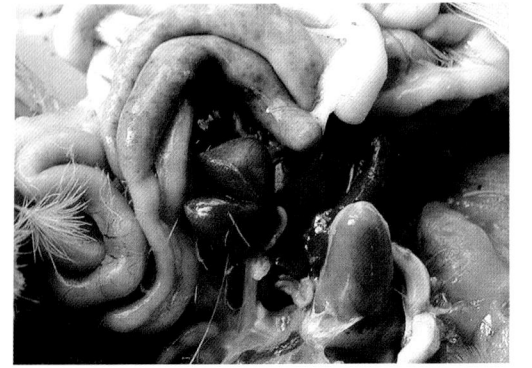

图 2-44　盲肠膨大变粗，脾脏急性肿胀

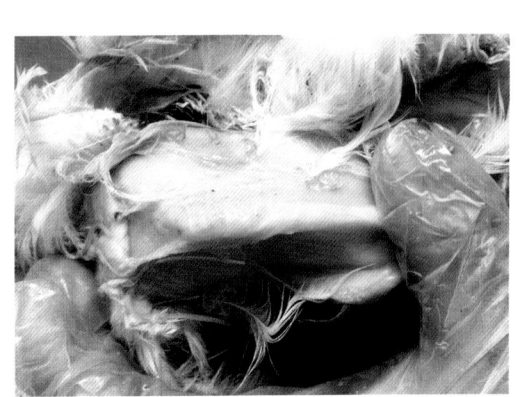

图 2-45　病鸡胸肌苍白

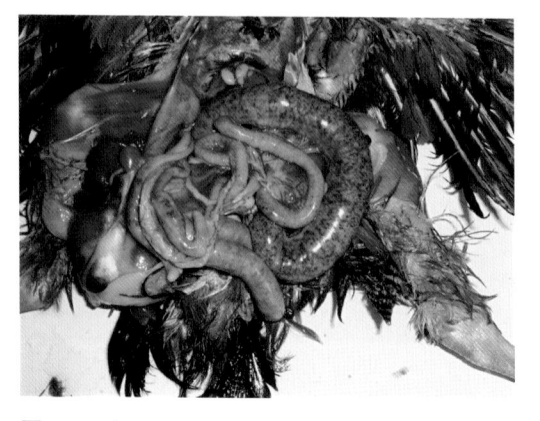

图 2-46 小肠球虫多见于小肠前段，肠管显著增粗

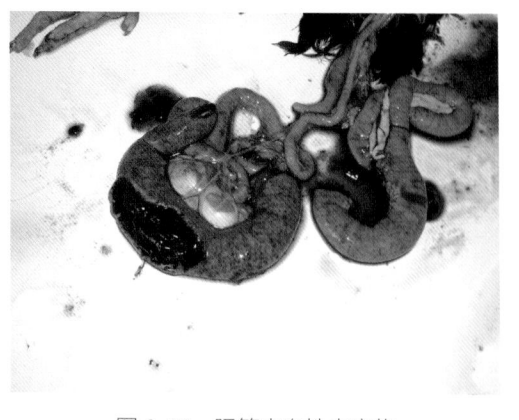

图 2-47　肠管内血性内容物

图 2-47）。

五、诊断

可将具有典型症状的病禽粪便，通过饱和食盐水漂浮法或粪便涂片法观察有无球虫卵囊，或选择具有典型症状的病禽进行剖检。剖检时检查整个肠道，刮取少量病变肠道黏膜于载玻片上，滴加生理盐水稀释，加盖玻片，通过显微镜观察是否有裂殖体、裂殖子或配子体。

由于鸡球虫感染非常普遍，因此须根据临床症状，剖检及病原学结果进行综合诊断，同时注意区分球虫种类。诊断方法可参考国家标准 GB/T 18647-2002《动物球虫病诊断技术》。

六、防治

鸡感染 1 个孢子化的卵囊，7 小时后可排出 100 万个卵囊。温暖潮湿的场所有利于卵囊发育，卵囊在土壤中可以保持生活期达 4～9 个月，在有树荫的运动场上，可达 15～18 个月。当气温在 22～30℃时，一般只需要 18～36 小时就可发育成感染性卵囊。卵囊对高温、低温和干燥的抵抗力较弱，一般消毒液不易将其杀死。生产上常用 0.5% 的次氯酸钠溶液消毒。

（1）加强饲养管理和环境卫生消毒。雏鸡与成年鸡分开饲养，以免带虫的成年鸡散播病原导致雏鸡暴发球虫病。保持鸡舍干燥、通风，及时清除粪便，堆积发酵以杀灭卵囊。消毒鸡场及运动场。补充足够的维生素 K 和给予 3～7 倍推荐量的维生素 A 可加速鸡患球虫病后的康复。发现病鸡立即隔离，轻者治疗，重者淘汰。

（2）免疫预防。目前已经在生产上应用的疫苗如下。

①柔嫩艾美耳球虫弱毒疫苗。虫苗在 4~8℃冰箱中保存半年仍有很高的免疫效果。该疫苗具有安全、高效、价廉、使用方便等优点，适用于肉鸡。

② Cocci-Vac 虫苗。这种虫苗包含多种毒力球虫的活卵囊，经口免疫，使鸡轻度感染而产生免疫力。

③遗传工程苗。与药物治疗和活虫苗免疫相比，用遗传工程生产的死疫苗既没有毒力致病之忧，又易于掌握，使用方便。

④藻酸盐包裹致弱系球虫卵囊疫苗。将致弱系球虫卵囊用藻酸盐包裹起来，混在饲料中分多日投服。

（3）药物防治。球虫病防制的主要措施是药物预防。使用的药物有化学合成药和抗生素两大类，已报道的抗球虫药达 40 余种，现今广泛使用的有 20 多种。常用的有如下几种。

①氯羟吡啶。预防每千克饲料加入 125~150 毫克混饲。治疗量加倍。育雏期连续给药。

②氯苯胍。预防按每千克饲料 33 毫克，连用 1~2 个月，治疗按每千克饲料 66 毫克，连用 3~7 天，后改预防量予以控制。

③莫能菌素。预防按每千克饲料 80~120 毫克混饲，与盐霉素合用有累加作用。

④马杜拉霉素（抗球王、杜球、加福）。预防按每千克饲料加入 5~6 毫克混饲。

⑤硝苯酰胺（球痢灵）。预防按每千克饲料加入 125 毫克，治疗按每千克饲料 250~300 毫克，连用 3~5 天。

发病时尽早用药物治疗。抗球虫药对球虫生活史早期作用明显，而一旦出现症状和造成组织损伤，再用药物往往收效甚微。因此，药物预防是关键。磺胺类药物对治疗已发生感染的球虫病优于其他药物。在生产中，为了避免和延缓耐药性的产生，应该遵守轮换用药、穿梭用药和联合用药的原则。

第十六节　组织滴虫病

一、概述

组织滴虫病是由火鸡组织滴虫寄生于禽类盲肠和肝脏引起的一种原虫病，又称"盲

肠肝炎"或"黑头病",多发于雏火鸡和雏鸡,鹧鸪、鹌鹑、珍珠鸡、孔雀等也能发生。本病的特征是盲肠发炎,呈一侧或两侧肿大,肝脏有特征性坏死灶。

二、流行病学

多种禽类都可是火鸡组织滴虫的宿主,除鸡外,火鸡、鹧鸪、鹌鹑、孔雀等都可感染发病。本病最易发生于两周至三四个月龄以内的雏鸡和育成鸡,特别是雏火鸡易感性最强,病情严重,死亡率最高。成年鸡多为带虫者。火鸡感染鸡后,多与肠道细菌协同作用而致病,单一感染,致病性不明显。本病一年四季都可发生,但以温暖、潮湿的夏秋季多发。

三、临床症状

潜伏期一般为 7～12 天,最短 5 天,常在感染后的 11 天出现症状。病鸡呆立,步态蹒跚,眼半闭,食欲不振,排淡黄色或淡绿色粪便。严重者,粪便带血,甚至完全是血粪。发病末期,部分鸡因血液循环障碍,病鸡头部的皮肤,尤其是鸡冠呈暗黑色,因而有"黑头病"之称,病程一般为 1～3 周。康复鸡带虫,带虫时间可达数周至数月。成年鸡很少出现症状。

四、病理变化

病变主要在盲肠和肝脏。一侧或两侧盲肠壁增厚变硬,失去伸缩性,盲肠表面覆盖有黄色或黄灰色渗出物,并有特殊恶臭。切开肠管可见肠腔充满浆液性和出血性渗出物,有时渗出物形成干酪化的肠芯,似凝固栓塞,栓塞横切呈同心圆层状,其中心为暗红色的凝血块,外围是淡黄色的渗出物和坏死物(图 2-48)。盲肠黏膜出血、坏死或形成溃疡。有时盲肠穿孔,引起全身性腹膜炎。肝脏出现特征性病变,肝脏肿大、紫褐色,表面出现黄绿色或黄白色中心下陷、边缘稍隆起的圆形或不规则形的坏死灶,直径可大 1～2 厘米(图 2-49)。单独存在或融合成大片的溃疡区。

五、诊断

通过肉眼观察病禽的特征性病变,可做初步诊断,并结合实验室显微镜检查及组织病理学检查进行确诊。PCR 技术也是一种较为有效的辅助诊断方法。诊断该病时,注意与坏死性肠炎、球虫病及禽副伤寒等病进行鉴别。

图 2-48　盲肠壁增厚，内有栓子

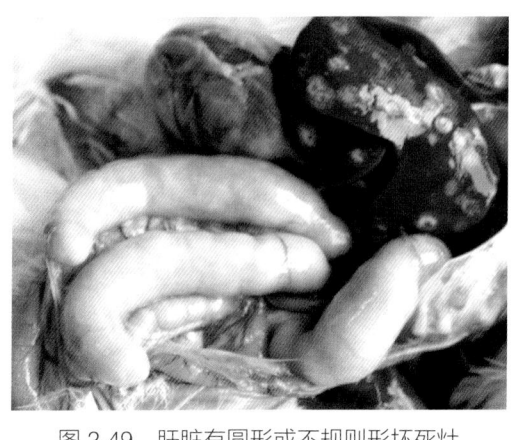

图 2-49　肝脏有圆形或不规则形坏死灶

六、防治

（1）预防。成年鸡与雏鸡分群饲养。对鸡群定期用左旋咪唑、阿苯哒唑等驱除异刺线虫。利用阳光照射或干燥最大限度地杀灭异刺线虫虫卵，饲料中要有充足的维生素 A，发现病禽，及时隔离。

（2）治疗。治疗本病应一方面要杀死体内的组织滴虫；另一方面要驱除体内的异刺线虫。

第十七节　鸡住白细胞原虫病

一、概述

鸡住白细胞原虫病是由疟原虫科住白细胞原虫属的卡氏住白细胞虫等寄生于鸡的血液和内脏器官引起的一种以贫血、下痢和肝脾肿大以及肌肉组织广泛出血为特征的原虫病。鸡住白细胞原虫可导致鸡冠苍白因而本病又称为白冠病。本病在我国南方比较严重，常呈地方性流行，近年来，北方地区也陆续发生。本病对雏鸡危害严重，发病率高，症状明显，常引起大批死亡。

二、流行病学

住白细胞虫的传播媒介库蠓和蚋为双翅目小型昆虫，体长 1～3 厘米，灰黑色，飞

翔速度快。当气温在20℃以上时，库蠓和蚋繁殖快，活动力强。长期在低压闷热天气或每天早晚时活动最猖狂，常以突然袭击的方式叮咬鸡或其他动物。本病南方多发于4—11月，北方多发生于7—9月。靠近池塘、水沟、杂草丛生的地方易发生此病。沙氏住白细胞虫病多发于南方，卡氏住白细胞虫病多发于中部地区。

　　各种日龄的鸡都可感染本病，高产鸡群和种鸡群常见发生，8月龄以下的鸡感染率和发病率都较严重。尤其是3~6周龄的鸡感染发病后死亡率高。在鸡的品种方面，蛋鸡、肉鸡都易感染，但以大型冠髯的鸡，皮肤裸露面积大的老龄鸡、肉仔鸡以及开放式饲养的鸡群发病率和死亡率高。

三、临床症状

　　潜伏期为6~10天。以3~6周龄鸡的发病严重，症状典型，死亡率高。病初食欲不振，下痢，粪便呈绿色或白色水样，病鸡的冠髯逐渐苍白，有的冠面上有散在出血点或冠髯稍黑红（图2-50），病鸡常因内脏出血、咯血和呼吸困难而突然死亡，死前口流鲜血。青年鸡和成年鸡感染后病情较轻，死亡率也较低。但青年鸡发育受阻，开产鸡产蛋量下降，软壳蛋、畸形蛋数量增多。该病呈进行性发展，一般散发

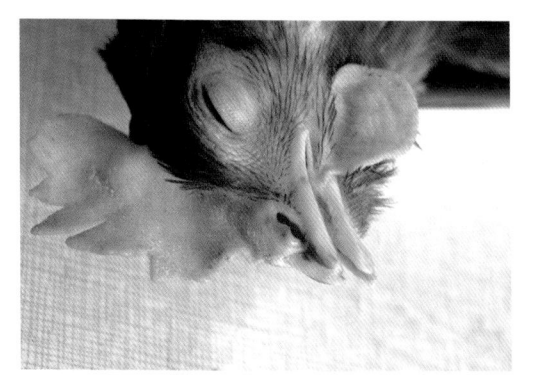

图 2-50　病鸡贫血，鸡冠和肉髯苍白，
鼻腔血性分泌物

性猝死，死亡率常在5%~20%。延误治疗，自然死亡率可高达50%左右。肉鸡感染后消瘦，增重减慢。

四、病理变化

　　主要特征是白冠，贫血，血液稀薄，全身性出血，尤其是胸肌、腿肌和心肌有明显的点状或斑块状出血。各内脏器官广泛出血，特别见于肾脏、肝脏和肺，肾脏周围常有大片出血，严重者大部分或整个肾脏被血凝块覆盖。其他器官如脾脏、胰脏、腺胃、肌胃和肠黏膜也有出血。脾高度肿大。肝脏肿大变硬或质脆如泥，肝被膜下有大小不等的散在出血点或出血斑。在胸肌、腿肌和心肌以及肝脏、脾脏、胰脏的表面有针尖大至粟粒大与周围组织有明显界线的灰白色小结节，这种小结节是住白细胞虫的裂殖体在肌肉或组织内增殖形成的集落。产蛋鸡卵泡发育不良，有的卵泡膜出血或卵黄稀

薄，严重时卵泡变性或破裂，卵黄液进入腹腔，使腹水呈淡红色粥状，输卵管子宫出血。

五、诊断

采鸡翅静脉或鸡冠血制备血涂片，或制作肝脏、脾脏的脏器触片，瑞氏染色或吉姆萨染色后镜检。高倍镜下可见从体配子体和裂殖体。具体操作方法可参考中华人民共和国出入境检验检疫行业标准 SN/T 1225-2003《住白细胞虫诊断方法：显微镜检查法》。需注意该病要与新城疫进行鉴别诊断。

六、防治

（1）净化饲养环境。在饲养区域内对容易滋生和隐蔽库蠓、蚋的污水、荒草、垃圾要彻底清除，在蠓蚋活动季节，在不影响鸡群的情况下鸡舍周围要定期喷洒农药杀虫。一般在 6—7 点和 18—20 点，以及低压闷热天气时对鸡群的侵袭最厉害，此时应在鸡舍内选用无药害的灭蠓农药进行带鸡喷雾，也可用蚊香进行烟雾法驱蠓，对规范化的鸡舍、门窗、通风口处应安装细孔纱网。

（2）药物预防。在即将发生或流行的初期用药物预防。

第十八节　鸡蛔虫病

一、概述

鸡蛔虫病是由鸡蛔虫寄生于鸡小肠内引起的一种常见蠕虫病。鸡、鹅和鸽子等多种禽类都可发生蛔虫病。但其病原各不相同，鸡蛔虫寄生于鸡、珍珠鸡等野禽的小肠，鹅蛔虫寄生于鹅小肠，而鸽蛔虫主要寄生于鸽、孔雀等禽的肠道，其中鸡蛔虫最为普遍。本病主要危害雏鸡，使雏鸡生长发育缓慢，甚至造成死亡。

二、流行病学

各种年龄和品种的鸡都可感染，但 3～9 月龄以内的鸡最易感染和发病，1 岁以上的鸡多为带虫者。散养和卫生条件差的鸡场容易发生流行。

三、临床症状

雏鸡发育不良，食欲不振，下痢和便秘交替出现（图2-51），有时粪中带血，消瘦（图2-52），黏膜和鸡冠苍白。成虫大量寄生时，相互缠绕，可能形成肠阻塞，甚至引起肠破裂和腹膜炎而导致死亡。成年鸡一般不现症状，但严重感染时腹泻，产蛋量下降和贫血等。

图2-51　严重腹泻，肛周羽毛被污染

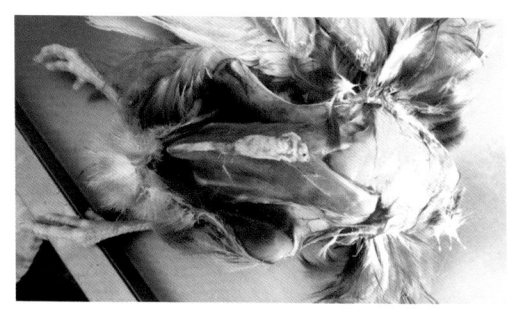

图2-52　胸肌严重萎缩

四、病理变化

剖检可见小肠黏膜发炎肿胀增厚，有时可见出血、充血和溃疡，肠壁上有颗粒状化脓灶或结节，肠腔内有虫体。

五、诊断

采集鸡的肠道粪便进行涂片检查，或通过饱和食盐水漂浮法检查，结合临床症状即可确诊。该病注意与鸡传染性贫血病进行鉴别诊断。

六、防治

搞好鸡舍内外环境卫生，及时清除粪便，堆积发酵；定期进行预防性驱虫，幼鸡每2个月驱虫1次，成年鸡每年驱虫2～3次；发现病鸡，及时用药治疗。

第十九节　鸡绦虫病

一、概述

鸡绦虫病主要是由戴文科赖利属和戴文属的多种绦虫寄生于鸡的小肠内引起的蠕虫病。幼鸡主要表现生长发育不良，下痢，甚至死亡。成年鸡感染后表现贫血、腹泻、消瘦和产蛋减少。

二、流行病学

各种年龄的家禽均可感染，但以雏鸡的易感性更强，25～40 日龄的雏禽发病率和死亡率最高。本病常为几种绦虫混合感染，感染多发生在中间宿主活跃的 4—9 月。成年禽多为带虫者。饲养管理条件差、营养不良的禽群，本病易发生和流行。家禽的绦虫病分布十分广泛，与中间宿主的分布面广有关。

三、临床症状

病鸡精神委顿，消化不良，渴欲增加。下痢，粪便稀薄（图 2-53）或混有血样黏液，有的鸡感染绦虫后，排绿色粪便，行动迟缓，双翅下垂，贫血，消瘦。雏鸡生长缓慢，产蛋鸡产蛋减少，但无畸形蛋、沙壳蛋、褪色蛋等异常蛋。肉鸡料肉比下降。家禽吸收虫体代谢产物后，出现神经症状。严重者继发其他疾病而死亡。

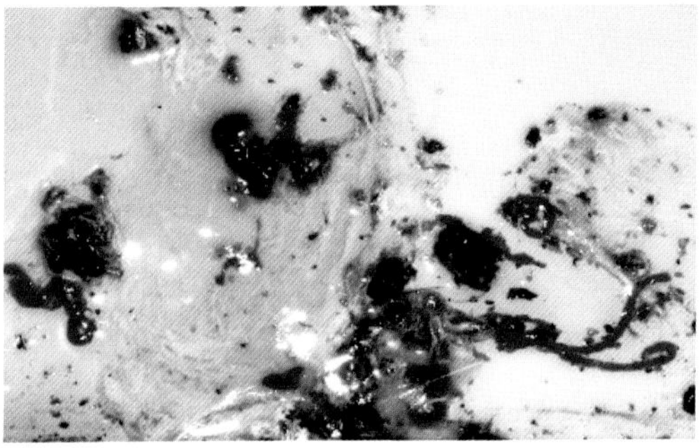

图 2-53　灰白色黏液性稀便，便中有绦虫节片

四、病理变化

剖检见小肠黏膜增厚，黏液增多、恶臭，有出血点，肠内容物上附有大量脱落黏膜，部分鸡肠道内有带状绦虫或绦虫节片。严重感染时，虫体可聚集成堆阻塞肠道，甚至引起肠道破裂。棘盘赖利绦虫感染时，肠壁上可见中央凹陷的结节，结节内含黄褐色干酪样物。

五、诊断

根据鸡群临床表现，粪便检查（沉淀法）发现孕虫卵或卵节片可以确诊。必要时可对病鸡进行剖检以进一步确诊。

六、防治

改善鸡舍内外环境卫生，及时清除粪便做无害化处理；根据中间宿主生活习性，对禽舍内外环境中的中间宿主蚂蚁、家蝇、金龟子、步行虫、蛞蝓和陆地螺等昆虫进行扑杀；随时注意感染情况，及时用药物进行预防性驱虫。

治疗可用下列药物：吡喹酮按每千克体重 10～20 毫克，一次内服；丙硫咪唑每千克体重 15～20 毫克，一次内服；氯硝柳胺（灭绦灵）每千克体重 80～100 毫克，一次内服。

第二十节　鸭球虫病

一、概述

鸭球虫病主要是由艾美耳科泰泽属和温扬属的球虫寄生于鸭小肠上皮细胞内引起的疾病，主要引起出血性肠炎，尤其对雏鸭危害严重，常引起急性死亡。耐过的病鸭生长发育受阻、增重缓慢，对养鸭业造成巨大的经济损失。

二、流行病学

鸭球虫具有明显的宿主特异性，它只能感染鸭。同样，其他禽类的球虫也不能感染鸭。各种年龄的鸭均可发生感染。2～3 周龄的雏鸭对球虫易感性最高，发生感染后通常引起急性暴发，死亡率一般为 20%～70%，最高可达 80% 以上。随着日龄的增大，发病率和死亡率逐渐降低。病鸭或带虫鸭是主要传染源，随粪便排出卵囊，卵囊在外界环境中发育为孢子化卵囊，鸭吃了饲料或饮水中的孢子化卵囊而被感染。本病的发生与气温、雨量的关系密切，如北方地区流行季节为 4—11 月，以 7—10 月发病率最高。

三、临床症状

急性感染多发生于 2～3 周龄的雏鸭，尤其是由网上转为地面饲养时。表现精神委

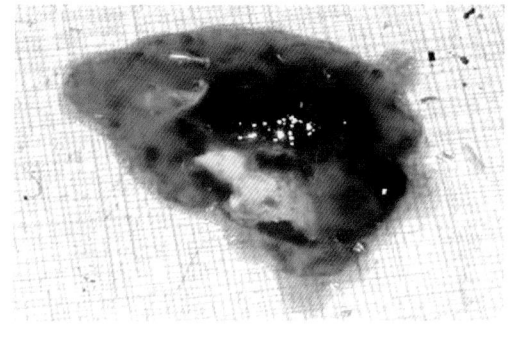

图 2-54　病鸭排出深红色血便

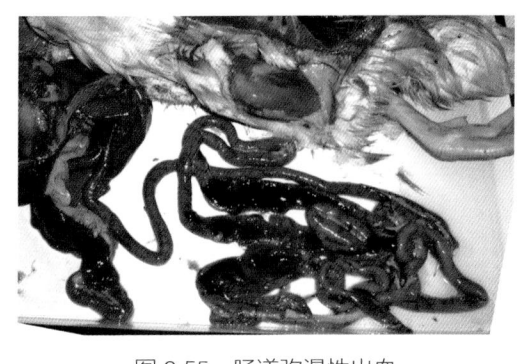

图 2-55　肠道弥漫性出血

顿，缩颈垂翅，不食，喜卧，渴欲增加等。病初腹泻，随后排暗红色或深红色血便（图 2-54），常在发病后 2～3 天内死亡，多数于第 4～5 天死亡。耐过的病鸭逐渐恢复食欲，死亡停止，但生长受阻，增重缓慢。慢性感染一般不显症状，偶见有拉稀，常成为球虫携带者和传染源。

四、病理变化

尸体消瘦。肉眼可见整个小肠呈弥漫性出血性肠炎，尤以卵黄蒂前后范围的病变严重。肠壁肿胀、出血；肠黏膜上有出血斑或密布针尖大小的出血点（图 2-55），有的见有红白相间的小点，有的黏膜上覆盖一层糠麸状或奶酪状黏液，或有淡红色或深红色胶冻状出血性黏液，但不形成肠芯。肝、肾淤血。心肌色淡，心房扩张，血液充盈。

五、诊断

根据鸭群临床症状、流行病学和病理变化、病原检查等进行诊断。急性死亡病例可从病变部位刮取少量黏膜置载玻片上，加 1～2 滴生理盐水混匀后镜检，或取少量黏膜做成涂片，瑞氏染色或吉姆萨染色后镜检，可见裂殖体或裂殖子。耐过病鸭取粪便经沉淀法处理后，沉渣中加 64.4% 硫酸镁溶液漂浮，取表层液镜检，见有大量卵囊即可确诊。诊断方法可参考国家标准 GB/T 18647-2002《动物球虫病诊断技术》。

六、防治

（1）一般预防。鉴于本病是由于鸭子吃了被鸭球虫卵囊污染的饲料或饮水而感染发病，因此，改善养鸭的环境卫生至关重要。鸭舍应保持清洁干燥，定期清除粪便，粪便堆肥发酵以消灭虫卵和其他病原微生物。保持饲养与饮水设施的清洁卫生，饲槽和饮水用具等经常消毒。定期更换垫料，换垫新土。防止饲养员乱窜圈，谢绝外场人员参观。

（2）药物预防。当雏鸭由网上转为地面饲养时或已在地面饲养2周龄可用药物预防。当鸭发生本病时，用药物进行治疗。

第二十一节　鸭鹅绦虫病

一、概述

鸭鹅绦虫病主要是由膜壳科的多种绦虫寄生于鸭和鹅的小肠内所引起的一种寄生虫病。这类绦虫种类多、分布广，主要引起小肠发炎、下痢、生长缓慢和产蛋下降，严重时引起死亡。本病呈世界性分布，多为散发，偶呈地方流行性。

二、流行病学

除鸭、鹅感染本病外，野生水禽也能感染。本病主要侵害2～4月龄的幼龄鸭鹅，发病年龄为20日龄以上的幼龄鸭鹅，放养鸭鹅多见，成年鸭感染后，多呈良性经过而成为带虫者。

本病有明显的季节性，一般多发生于4—10月的春末夏秋季节，而在冬季和早春较少发生。

三、临床症状

病初可见病鸭消化紊乱，食欲不振，渴欲增加，排淡绿色或灰白色稀粪，粪便内混有白色米粒样绦虫节片。严重感染时病鸭消瘦、贫血，生长发育迟缓，行动迟缓。有时还可出现神经症状，如行走不稳、歪颈仰头、麻痹痉挛等。病程1～5天，常死于恶病质。

四、病理变化

剖检可见肠黏膜发炎、充血、出血，或形成溃疡灶。肠腔内有大量虫体寄生，甚至阻塞肠腔。严重时可引起肠破裂。

五、诊断

根据流行病学、临诊症状和病理变化即可确诊。必要时，可收集粪便经清水冲洗后，收集残留物并染色，显微镜下观察是否有虫卵或孕卵节片进行确诊。

六、防治

（1）预防。每年对鸭群定期进行两次驱虫，一次在春季鸭鹅下水前，一次在秋季终止放牧后。雏鸭与成鸭分开饲养，3月龄内雏鸭最好实行舍饲，特别是不应到不流动、小而浅的死水域去放牧。因为这种水域有利于剑水蚤等中间宿主滋生。

（2）治疗。

① 吡喹酮。每千克体重 10～20 毫克，一次口服。

② 丙硫咪唑。每千克体重 10～15 毫克一次口服。

③ 硫双二氯酚。每千克体重 100～150 毫克，一次口服。

④ 氯硝柳胺。每千克体重 50～60 毫克，一次口服。

第二十二节　鹅球虫病

一、概述

鹅球虫病是由艾美耳科艾美耳属的多种球虫寄生于肾脏和肠道上皮细胞引起的原虫病。已报道鹅球虫有 16 种之多，其中以截形艾美耳球虫致病性最强，寄生于鹅的肾小管上皮细胞，使肾脏组织受到严重损伤，主要危害 3 周龄至 3 月龄雏鹅，常呈急性经过，死亡率很高。其他 15 种均寄生于肠上皮细胞，以鹅艾美耳球虫和柯氏艾美尔球虫的致病性较强，出现消化道症状。

二、流行病学

鹅肠球虫病主要发生于 2～11 周龄的幼鹅，通常是日龄小的发病严重、死亡率高。日龄较大的以及成年鹅感染，常呈慢性或良性经过，成为带虫者和传染源。目前，我国流行的主要是肠道球虫病，通常为混合感染。雏鹅发病率高达 90%～100%，死亡率可达 10%～80%，对养鹅业危害较大。

三、临床症状

肾球虫病常呈急性经过,主要表现为精神沉郁,食欲下降,消瘦,腹泻,粪便呈灰白色。眼窝下陷,翅膀下垂,颈部扭转贴于背上,一般发病后 1 ~ 2 天死亡。

肠道球虫症状与肾球虫相似,但消化道症状明显,主要表现为食欲不振或废绝,虚弱,饮水增加,饮水后频频甩头。腹泻,排棕色、红色或暗红色带有黏液的稀粪,有的患鹅粪便全为血凝块,严重者发生死亡。

四、病理变化

肾球虫的主要病理变化表现在肾脏体积肿大,由正常的红褐色变为淡灰黑色或红色,肾组织上可见到出血斑和针尖大小的灰白色坏死灶或条纹,这些病灶内含尿酸盐沉积物和大量卵囊。

肠道球虫可见出血性卡他性肠炎,小肠肿胀,以小肠中段和下段最为严重,肠腔内充满稀薄的红褐色液体及脱落的肠黏膜碎片。也可能出现小肠黏膜出血、坏死,有纤维素性渗出,形成伪膜和肠芯。

五、诊断

根据流行病学、临床症状、剖检变化可以做出初步诊断。取病变明显的肾或输尿管内液体,或小肠黏膜刮取物进行显微镜检查,若观察到球虫囊及裂殖子即可确诊。诊断方法可参考国家标准 GB/T 18647-2002《动物球虫病诊断技术》。

六、防治

(1)预防。成鹅和幼鹅分开饲养,保持圈舍清洁卫生干燥,及时清除粪便并发酵处理。流行季节可在饲料中添加药物进行预防。

(2)治疗。目前,治疗用氯苯胍、尼卡巴嗪、地克珠利等均有较好的疗效。

>> 第三章
常见生殖系统疾病

第一节　禽流感

　　蛋鸡、蛋鸭感染禽流感病毒后，也会引起生殖系统疾病。蛋鸡感染高致病性禽流感病毒后，产蛋量急剧下降，或几乎完全停止，同时蛋壳变薄、褪色，无壳蛋、畸形蛋增多，种蛋受精率和受精蛋的孵化率明显下降。产蛋鸭感染也会引起产蛋下降。母鸡卵泡充血、出血、变形，卵黄液稀薄，严重者卵泡破裂，常见卵黄性腹膜炎。输卵管水肿、充血，内有黏液或干酪样物质。公鸡睾丸变性坏死。家鸭和鸡类似，但不明显。

　　蛋鸡感染低致病性禽流感病毒后，产蛋下降，下降幅度为30%～90%。病愈后产蛋恢复需要30～60天不等，产蛋率仅能恢复到原来的70%～90%，在恢复阶段，蛋壳质量非常差，有大量的无壳蛋、薄壳蛋、软皮蛋、沙皮蛋、小蛋、无黄蛋等。剖检可见卵泡充血、出血、变形。详见"第一章第一节禽流感"。

第二节　新城疫

　　蛋鸡、蛋鹅感染新城疫病毒后，也会引起生殖系统疾病。蛋鸡在发病初期产蛋量急剧下降，产软壳蛋等畸形蛋或停止产蛋，剖检可见卵泡和输卵管显著充血，卵膜破裂卵黄流入腹腔引起卵黄性腹膜炎。也可能由于免疫力等原因表现症状不很典型，产蛋下降幅度为10%～30%，并出现畸形蛋、软壳蛋和糙皮蛋，半个月后逐渐回升，但要2～3个月才能恢复正常。产蛋鹅感染后产蛋量也下降明显。详见"第一章第二节新城疫"。

第三节　产蛋下降综合征

一、概述

　　产蛋下降综合征是由腺病毒引起的以产蛋下降为主要特征的传染病，病鸡其他方面没有明显症状，主要表现产蛋量骤然下降、蛋壳异常（薄壳蛋、软壳蛋）、蛋体畸形、蛋质低劣和蛋壳颜色变淡。

1976 年首次报道本病发生于荷兰，1977 年分离到该病毒，现在已在许多国家发生和流行，我国也普遍流行。

二、流行病学

本病毒的易感动物主要是鸡。鸭、鹅、野鸭和多种野禽亦可自然感染，鸭感染后虽不发病，但长期带毒，带毒率可达 85% 以上。

本病既可水平传播，也可垂直感染。水平传播通常较慢，并且不连续。健康鸡可因摄食被污染的饲料和感染鸡所产的蛋而被感染。通过种蛋和种公鸡的精液垂直传递是本病的主要传播方式。产褐壳蛋的母鸡最易感。任何年龄鸡均可感染，幼龄鸡感染后不表现症状，血清中也查不出抗体，只有在性成熟开始产蛋后，由于产蛋初期的应激反应，致使病毒活化而产蛋鸡发病。本病毒主要侵害 26～32 周龄的鸡，35 周龄以上的鸡较少发病。

三、临床症状

感染鸡本身无明显临诊症状，通常是在 26～32 周龄产蛋鸡突然出现群体性产蛋下降，产蛋率比正常下降 20%～40%，甚至达 50%。病初蛋壳色泽变淡，紧接着产出软壳蛋、薄壳蛋、无壳蛋、小蛋等畸形蛋，蛋壳表面粗糙，蛋白水样，蛋黄色淡，或蛋白中混有血液、异物等（图 3-1，图 3-2）。异常蛋可占产蛋的 15% 以上。蛋的破损率可达 40% 左右。种

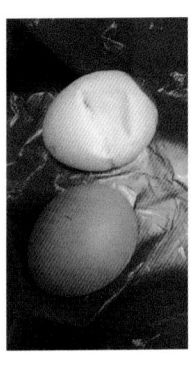
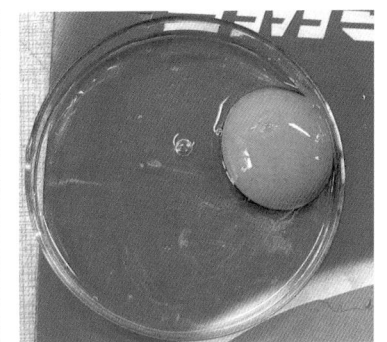

图 3-1　软壳蛋，
蛋壳颜色变淡

图 3-2　蛋白水样

蛋受精率和孵化率降低。病程一般可持续 4～10 周，以后逐渐恢复，但难以达到正常水平。

四、病理变化

本病一般不发生死亡，无明显肉眼可见病理变化。剖检个别鸡可见卵巢萎缩、卵泡充血，输卵管和子宫黏膜有出血性和卡他性炎症（图 3-3）。有的肠道出现卡他性炎症。

五、诊断

该病缺少明显的临床症状，因此往往是在发现含有病毒畸形蛋后才做出初步诊断。EDS病毒分离多使用无 EDS 病毒感染的鸭胚、鹅胚或鸭和鹅的细胞。鸡细胞对 EDS 的敏感性较差，且鸡胚不适宜 EDS 的分离与培养。血凝抑制试验（HI）是首选的血清学诊断方法，SN、ELISA、IFA 等方法敏感性与 HI 相当，但病禽若同时受到不同血清型腺病毒感染时可

图 3-3　输卵管黏膜卡他性炎

能出现交叉反应。PCR 技术等分子生物学方法对该病的确诊及分型也起到了重要作用，并且提高了检测效率。其中血凝抑制试验操作方法可参考中华人民共和国出入境检验检疫行业标准 SN/T 1468-2004《鸡产蛋下降综合征血凝抑制试验操作规程》。

六、防治

（1）杜绝病毒的传入。做好鸡舍及周围环境和孵化室的消毒工作，粪便无害化处理，鸡、鸭分开饲养，防止饲养管理用具混用和人员串走，以防止水平传染。从非疫区引种，引进种鸡群要严格隔离饲养。产蛋下降期的种蛋不能留种用。

（2）免疫预防。疫苗有 EDS-76 油乳剂灭活苗、EDS-76 与 ND 二联油剂灭活苗和 ND-IB-EDS-76 三联油乳剂灭活菌苗。商品蛋鸡或蛋用种鸡，于 110～130 日龄免疫接种。肉用种鸡于 160 日龄前后免疫接种。

（3）发病后措施。本病尚无有效治疗方法，发病后应加强饲养管理和带鸡消毒，预防继发感染。在饮水中加入电解多维、禽用白细胞干扰素，连用 7 天，也可以促进病鸡康复。

第四节　传染性支气管炎

产蛋鸡感染传染性支气管炎病毒后也会引起生殖系统疾病。主要表现产蛋下降，出现软壳蛋、畸形蛋，同时蛋品质下降。幼雏感染，有的见输卵管发育受阻、变细、变短或成囊状。产蛋母鸡腹腔可见液状的卵黄物质，卵泡充血、出血、变形，甚至破裂。

详见"第一章第三节传染性支气管炎"。

第五节　传染性喉气管炎

产蛋鸡感染传染性喉气管炎病毒后也会引起生殖系统疾病。表现产蛋减少、畸形蛋增多，卵巢异常，卵泡变软、变形、出血等。详见"第一章第四节传染性喉气管炎"。

第六节　禽脑脊髓炎

产蛋鸡感染禽脑脊髓炎病毒后出现短暂的产蛋率和孵化率下降。参见"第四章第三节禽脑脊髓炎"。

第七节　禽大肠杆菌病

产蛋期母鸡感染大肠杆菌后，可造成输卵管炎和腹膜炎。另外，大肠杆菌从感染的卵巢、输卵管等处侵入卵内，可引起卵黄囊、脐部及其周围组织的炎症，造成胚胎在孵化早期死亡，以及后期死胚、弱雏增多。详见"第二章第九节禽大肠杆菌病"。

第八节　禽沙门氏菌病

成年母鸡严重感染鸡白痢沙门氏菌时，产蛋量会显著下降，产蛋高峰不高，维持时间也短，剖检可见卵泡变形、变色，呈囊状，有腹膜炎；成年公鸡感染则会引起睾丸极度萎缩，有小脓肿，输精管管腔增大，充满稠密的均质渗出物；如经蛋内感染，雏鸡在孵化过程中出现死亡，孵出的弱雏或病雏常于 1 ~ 2 天内死亡。成年母鸡感染副伤寒时，可引起输卵管坏死、增生，卵巢坏死、化脓。参见"第二章第十节禽沙门氏菌病"。

第九节　禽巴氏杆菌病

成年鸡急性感染可引起产蛋量减少甚至产蛋停止。慢性感染母鸡产蛋下降，卵巢明显出血，有时在卵巢周围有一种坚实、黄色的干酪样物质，附着在内脏器官的表面。参见"第二章第十一节禽巴氏杆菌病"。

第十节　鸡住白细胞原虫病

产蛋鸡感染鸡住白细胞原虫后，会引起产蛋量下降，软壳蛋、畸形蛋数量增多。剖检可见卵泡发育不良，有的卵泡膜出血或卵黄稀薄，严重时卵泡变性或破裂，卵黄液进入腹腔，使腹水呈淡红色粥状，输卵管子宫出血。参见"第二章第十七节鸡住白细胞原虫病"。

>> 第四章
常见神经症状、运动障碍性疾病

第一节　禽流感

家禽感染高致病性禽流感病毒后，有的会出现头颈震颤、转圈、共济失调、不能站立等神经症状。参见"第一章第一节禽流感"。

第二节　新城疫

家禽感染新城疫病毒后，有的会出现神经症状，如翅、腿麻痹，转圈，头颈歪斜或后仰，病鸡动作失调，反复发作，最终瘫痪或半瘫痪。参见"第一章第二节新城疫"。

第三节　禽脑脊髓炎

一、概述

禽脑脊髓炎是由禽脑脊髓炎病毒引起的一种急性高度接触性传染病，又称流行性震颤。该病主要侵害雏鸡的中枢神经系统，雏鸡主要表现共济失调、渐进性瘫痪和头颈部肌肉震颤，主要病变是非化脓性脑炎。产蛋鸡感染后出现短暂的产蛋率和孵化率下降。

二、流行病学

自然感染见于鸡、雉、鹌鹑、珍珠鸡和火鸡等，鸡对本病最易感。各种日龄的鸡均可感染，但雏禽易感，尤以 12 ~ 21 日龄的雏鸡最易感。1 月龄以上的鸡感染后不表现临床症状，产蛋鸡有一过性产蛋下降。

幼鸡或成年鸡感染后，病毒在肠道内增值，3 周内的鸡病毒随粪便排出，日龄越小排毒时间越长，幼雏感染后可经粪便排毒达 2 周以上，3 周龄以上雏鸡排毒仅持续 5 天左右。因病毒对外界环境的抵抗力很强，传染性可保持很长时间，当易感鸡接触被污染的垫料、饲料、饮水时可经消化道感染。垂直传播是造成本病流行的主要因素，产蛋种鸡感染后，一般无明显临床症状，但在 3 周内所产的蛋均带有病毒，这些蛋在孵化过程中一部分死亡，一部分孵出病雏，病雏又可导致同群鸡发病。种鸡感染一般 4 周后，种蛋就含有高滴度的母源抗体，即可保护雏鸡在出壳后不再发病，同时种鸡的带毒和排毒随之减少或停止。本病一年四季均可发生，但以冬春季节稍多。

三、临床症状

经胚胎感染的雏鸡，1~7 日龄发病。经接触或经口感染的雏鸡在 11 日龄以后发病。本病主要见于 4 周龄以内的雏鸡发病，极少数到 7 周龄才发病。雏鸡发病率一般为 40%～60%，死亡率 10%～25%，甚至更高。

病初雏鸡表现目光呆滞，行为迟钝，继而出现共济失调，两腿无力，不愿走动而蹲坐，强行驱赶时可勉强走动，但步态不稳，或向前猛冲后倒下。病雏在早期仍能采食和饮水。随病情发展而站立不稳，双腿麻痹呈前后劈叉姿势或双腿倒向一侧或紧缩于腹下。这时头颈部出现明显的阵发性震颤，当受到惊扰时震颤加剧。有些病鸡还出现易惊、斜视、头颈偏向一侧。共济失调通常在颤抖之前发生，有些病例仅出现颤抖而无共济失调。病鸡常因瘫痪而不能采食和饮水，以致衰竭死亡，病程 5~7 天。部分存活鸡可见一侧或两侧眼球晶状体混浊，眼球增大，甚至失明。

1 月龄以上的鸡受感染后，除出现血清学阳性外，一般无明显临床症状和病理变化。产蛋鸡感染可发生 1~2 周内暂时性产蛋下降（5%～10%），所产种蛋孵化率下降 10%～35%，母鸡还可能产小蛋，但蛋壳硬度、形状、颜色及蛋的内容物无明显变化。母鸡不出现神经症状。

四、病理变化

病鸡唯一可见的肉眼变化是胃肌层有细小的灰白区，这是由浸润的淋巴细胞团块组成，这种变化不很明显，易忽略。个别雏鸡可发现脑组织变软、淤血、或大小脑表面有针尖大的出血点。病理组织变化主要在中枢神经系统和某些内脏器官，中枢神经系统的病变主要为散在的非化脓性脑脊髓炎和背根神经节炎。

五、诊断

病理组织学检查可对该病做出初步诊断。从病禽的脑组织中最易分离到禽脑脊髓炎病毒。病料经卵黄囊接种后 5~7 日龄鸡胚后，孵育雏鸡，并观察雏鸡发病症状，并进行临床剖检观察脑、腺胃和胰脏的病变。免疫荧光试验、PCR方法都是敏感且快速的诊断病原的方法。标准病毒中和试验、ELISA、间接免疫荧光试验和免疫扩散试验等都是常用来检测鸡抗体水平的血清学方法。该病需注意与新城疫、马立克氏病及一些营养代谢疾病进行鉴别诊断。具体诊断方法可参考国家标准GB/T 27527-2011《禽脑脊髓炎诊断技术》进行。

六、防治

（1）平时的预防。防止从疫区引进种蛋与种鸡，种鸡感染后1月内所产的蛋不能用于孵化。

（2）免疫接种。目前使用的疫苗有两种，一类是弱毒苗，种鸡接种活毒疫苗后母源抗体保留到8周龄时才消失，加之弱毒苗对雏鸡有一定的毒力，所以建议在10周龄以上，但不能迟于开产前4周接种弱毒苗，使母鸡在开产前获得免疫力，弱毒苗只能用于流行区。另一类是油佐剂灭活疫苗，灭活苗一般在开产前4周经肌内或皮下接种，必要时可在种鸡产蛋中期再接种1次。合理的免疫程序是：10～12周龄饮水或点眼接种弱毒疫苗，开产前1个月肌内注射油佐剂灭活苗。

（3）发病时的措施。本病尚无有效药物治疗。一般应将发病鸡群扑杀并做无害化处理。污染场地、用具彻底消毒。或在种鸡发病时用油乳剂灭活疫苗做紧急免疫。

第四节　马立克氏病

一、概述

马立克氏病是由马立克氏病病毒引起的一种高度接触传染病，以各种内脏器官、外周神经、性腺、虹膜、肌肉和皮肤单独或多发的淋巴样细胞浸润并形成肿瘤为特征。世界动物卫生组织（OIE）及我国都将其列为二类动物疫病。

二、流行病学

鸡是最重要的自然宿主，其他禽类如火鸡、野鸡、鹌鹑也可感染，但相当少见，其他动物不感染。不同品种、年龄、性别的鸡均能感染马立克氏病毒（MDV）。来航鸡抵抗力较强，母鸡易感性略高于公鸡。年龄越小越易感，特别是出雏和育雏室的早期感染导致发病率和死亡率都很高。年龄大的鸡感染但大多不发病。病鸡和带毒鸡的排泄物、分泌物及鸡舍内垫草均具有很强的传染性。本病主要通过带毒尘埃经呼吸道传播，也可经消化道和吸血昆虫叮咬感染，经种蛋垂直传播的可能性很小。发病率异很大，可由 10% 以下到 50% ~ 60%，发病鸡只有极少数能康复。各种应激因素都可促进本病的发生。

三、临床症状

自然感染潜伏期 3 ~ 4 周至几个月不等。一般在 50 日龄以后出现症状，70 日龄后陆续出现死亡，90 日龄以后达到高峰，很少晚至 30 周龄才出现症状，偶见 3 ~ 4 周龄的幼龄鸡和 60 周龄的老龄鸡发病。

根据临床表现和病变发生的部位，本病可分为神经型、内脏型、眼型和皮肤型等四种类型。

神经型：常侵害周围神经，以坐骨神经和臂神经最易受侵害。当坐骨神经受损时病鸡一侧腿或两侧腿发生不全或完全麻痹，站立不稳，两腿前后伸展，呈"劈叉"姿势，此为本病典型特征，病侧肌肉萎缩，有凉感，爪子多弯曲；当臂神经受损时，翅膀下垂；支配颈部肌肉的神经受损时病鸡低头或斜颈；迷走神经受损，鸡嗉囊麻痹或膨大，食物不能下行。一般病鸡精神尚好，并有食欲，但往往由于饮不到水吃不到料而衰竭，或被其他鸡只践踏，最后均以死亡而告终。

内脏型：常见于 50 ~ 70 日龄的鸡，病鸡精神委顿，食欲减退，鸡冠苍白、皱缩，有的鸡冠呈黑紫色，腹泻，渐进消瘦，胸骨似刀锋，触诊腹部能摸到硬块。病鸡脱水、昏迷，最后死亡。

眼型：很少见到。病鸡瞳孔缩小，严重时仅有针尖大小，虹膜边缘不整齐，呈环状或斑点状，颜色由正常的橘红色变为弥漫性的灰白色，呈"鱼眼状"。轻者表现对光线强度的反应迟钝，重者对光线失去调节能力，最终失明。

皮肤型：较少见。主要表现为羽毛囊出现小结节或瘤状物，病变可融合成片。以大腿外侧、翅膀、腹部尤为明显（图 4-1~ 图 4-3）。

临床上以神经型和内脏型多见，有的鸡群发病以神经型为主，内脏型较少，一般死亡率在 5% 以下，且当鸡群开产前本病流行基本平息。有的鸡群发病以内脏型为主，兼有神经型。

图 4-1 病鸡颈部皮肤因肿瘤侵袭溃烂

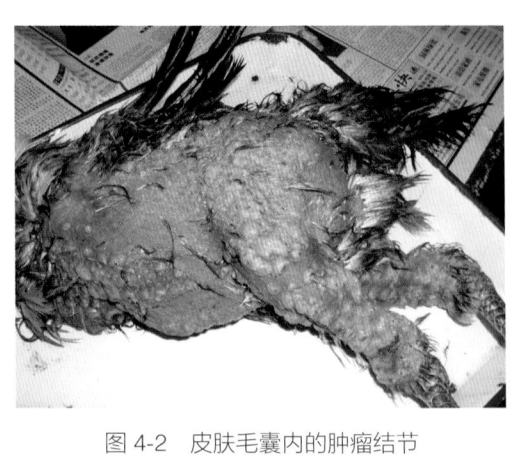

图 4-2 皮肤毛囊内的肿瘤结节

四、病理变化

神经型：多见坐骨神经、臂神经、腰荐神经和颈部迷走神经等肿大，神经粗细不匀，病变神经可比正常神经粗 2～3 倍，神经横纹消失，呈灰白色或淡黄色，有时水肿，多侵害一侧神经，有时双侧神经均受侵害。有时还可见性腺、肝、脾、肾等内脏器官形成肿瘤。

图 4-3 腿部及爪部肿瘤侵害

内脏型：主要病变为内脏多种器官出现肿瘤，肿瘤多呈结节性，为圆形或近似圆形，数量不一，大小不等，略突出于脏器表面，灰白色，切面呈脂肪样（图 4-4，图 4-5）。常侵害的脏器有肝脏、脾脏、性腺、肾脏、心脏、肺脏、腺胃、肌胃等（图 4-6）。有的病例肝脏上不具有结节性肿瘤，但

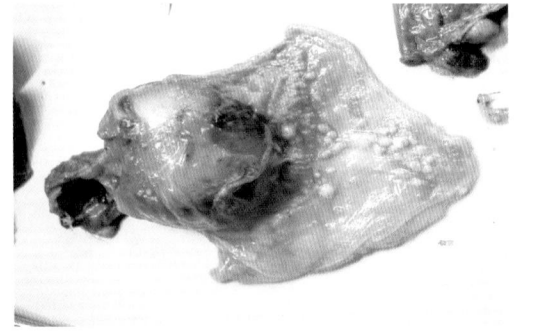

图 4-4 内脏脂肪肿瘤结节

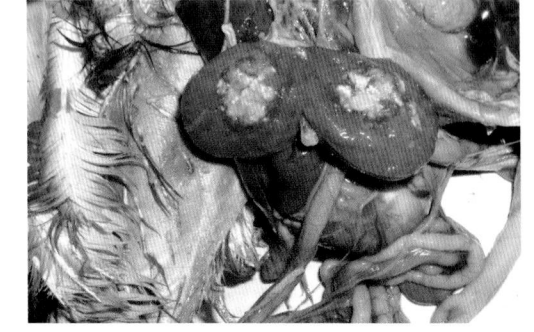

图 4-5 内脏肿瘤结节，切开后呈豆腐渣样

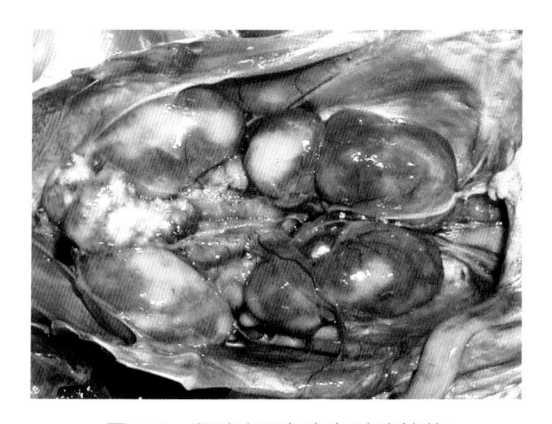

图 4-6 肾脏表面灰白色肿瘤结节

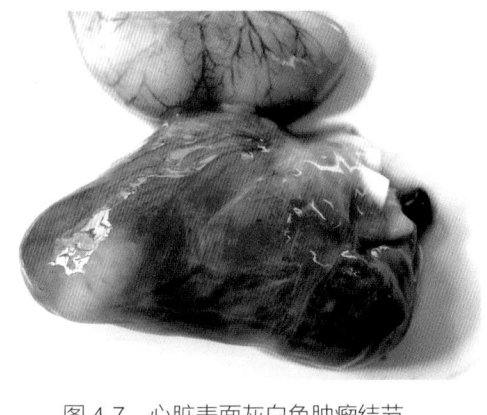

图 4-7 心脏表面灰白色肿瘤结节

肝脏异常肿大，比正常大 5～6 倍，表面粗糙或呈颗粒性外观。脾脏肿大 3～7 倍不等，表面可见呈针尖大小或米粒大的肿瘤结节。卵巢肿瘤比较常见，呈花菜样肿大，甚至整个卵巢被肿瘤组织代替。腺胃外观有的变长，有的变圆，胃壁明显增厚或薄厚不均，切开后可见黏膜出血或溃疡。心脏肿瘤常突出于心肌表面，米粒大至黄豆大。肌肉肿瘤多发生于胸肌，呈白色条纹状（图 4-7）。一般情况下法氏囊不呈现肉眼可见变化或见萎缩皮肤型眼型病变同临床症状。

五、诊断

常使用鸡血液淋巴细胞或感染鸡淋巴组织的细胞悬液进行病料组织接种，达到分离病毒的目的。分离到病毒后可通过血清型特异性单克隆抗体区分 MDV 血清型。单克隆抗体也可用于病禽组织中病毒的分离鉴定，如 ELISA、间接免疫荧光试验和免疫组织化学等方法。目前也已建立多种 PCR 方法，对病毒血清型进行鉴定，并可区分疫苗株和野毒株。通过血清学方法对鸡群中的特异性抗体进行检测，对该病的监测有重要意义。鸡群中常感染该病毒，但不一定发病，因此该病的诊断除病原分离鉴定外，还需结合临床症状、病理组织学观察等方法进行确诊。可参考国家标准 GB/T 18643-2002《鸡马立克氏病诊断技术》、农业行业标准 NY/T 905-2004《鸡马立克氏病强毒感染诊断技术》或中华人民共和国出入境检验检疫行业标准 SN/T 1454-2011《马立克氏病检疫技术规范》等对该病进行诊断。

六、防治措施

（1）加强养鸡环境卫生与消毒工作，尤其是孵化卫生与育雏鸡舍的消毒，防止雏鸡的早期感染，这是非常重要的，否则即使出壳后即刻免疫有效疫苗，也难防止发病。

（2）加强饲养管理，改善鸡群的生活条件，增强鸡体的抵抗力，对预防本病有很大的作用。饲养管理不善，环境条件差或某些传染病如球虫病等常是重要的诱发因素。

（3）坚持自繁自养，防止因购入鸡苗的同时将病毒带入鸡舍。采用全进全出的饲养制度，防止不同日龄的鸡混养于同一鸡舍。

（4）防止应激因素和预防能引起免疫抑制的疾病，如鸡传染性法氏囊病、鸡传染性贫血病毒病、网状内皮组织增殖病等的感染。

（5）对发生本病的处理。一旦发生本病，在感染的场地清除所有的鸡，将鸡舍清洁消毒后，空置数周再引进新雏鸡。一旦开始育雏，中途不得补充新鸡。

目前国内使用的疫苗有多种，主要是进口疫苗和国内生产的疫苗，这些疫苗均不能抗感染，但可防止发病。

发生本病的处理。一旦发生本病，无特效药可治，在感染的场地清除所有的鸡，将鸡舍清洁消毒后，空置数周再引进新雏鸡。一旦开始育雏，中途不得补充新鸡。

第五节　鸡病毒性关节炎

一、概述

鸡病毒性关节炎是一种由呼肠孤病毒引起的鸡的重要传染病。病毒主要侵害关节滑膜、腱鞘和心肌，引起足部关节肿胀，腱鞘发炎，继而使腓肠腱断裂。病鸡关节肿胀、发炎，行动不便，跛行或不愿走动，采食困难，生长停滞。

二、流行病学

鸡呼肠孤病毒广泛存在于自然界，可从许多种鸟类体内分离到。但是鸡和火鸡是目前已知唯一可被病毒引起关节炎的动物。病毒在鸡中的传播有两种方式：水平传播和垂直传播。虽然有资料表明，本病毒可通过种蛋垂直传播，但水平传播是该病的主要传染途径。病毒感染鸡之后，首先在呼吸道和消化道复制后进入血液，24～48小时后出现病毒血症，随后即向体内各组织器官扩散，但以关节腱鞘及消化道的含毒较高。排毒途径主要是经过消化道。带毒鸡是重要的传染源。

鸡病毒性关节炎的感染率和发病率因鸡的年龄不同而有差异。鸡年龄越大，敏感性越低，10 周龄之后明显降低。一般认为，雏鸡的易感性可能与雏鸡的免疫系统尚未发育完全有关。

自然感染发病多见于 4～7 周龄鸡，也有更大鸡龄发生关节炎的报道。发病率可高达 100%，而死亡率通常低于 6%。

三、临床症状

本病大多数野外病例均呈隐性感染或慢性感染，要通过血清学检测和病毒分离才能确定。在急性感染的情况下，鸡表现跛行，部分鸡生长受阻；慢性感染期的跛行更加明显，少数病鸡跗关节不能运动。病鸡食欲和活力减退，不愿走动，喜坐在关节上，驱赶时或勉强移动，但步态不稳，继而出现跛行或单脚跳跃。

种鸡群或蛋鸡群受感染后，产蛋量可下降 10%～15%。也有报道种鸡群感染后种蛋受精率下降，这可能是病鸡因运动功能障碍而影响正常的交配所致。

四、病理变化

患鸡跗关节上下周围肿胀，切开皮肤可见到关节上部腓肠腱水肿，滑膜内经常有充血或点状出血，关节腔内含有淡黄色或血样渗出物（图4-8），少数病例的渗出物为脓性，与传染性滑膜炎病变相似，这可能与某些细菌的继发感染有关。其他关节腔呈淡红色，关节液增加。根据病程的长短，有时可见周围组织与骨膜

图 4-8 关节肿大，囊腔内液体增多

脱离。大雏或成鸡易发生腓肠腱断裂。换羽时发生关节炎，可在患鸡皮肤外见到皮下组织呈紫红色。慢性病例的关节腔内渗出物较少，腱鞘硬化和粘连，在跗关节远端关节软骨上出现凹陷的点状溃烂，然后变大、融合，延伸到下方的骨质，关节表面纤维软骨膜过度增生。有的在切面可见到肌和腱交接部发生的不全断裂和周围组织粘连，关节腔有脓样、干酪样渗出物。有时还可见到心外膜炎，肝、脾和心肌上有细小的坏死灶。

五、诊断

根据病禽的临床症状和病变可进行初步诊断。目前认为病毒分离的方法是鉴定该

病毒的金标准，PCR 方法也可快速的对病毒进行鉴定，商品化的 ELISA 方法在血清学诊断中也已得到广泛应用。具体诊断方法可参考中华人民共和国出入境检验检疫行业标准 SN/T 1173-2015《鸡病毒性关节炎检疫技术规范》。

六、防治

一般的预防方法是加强卫生管理及鸡舍的定期消毒。采用"全进全出"的饲养方式，对鸡舍彻底清洗和消毒，可以防止由上批感染鸡留下病毒的感染。由于患病鸡长时间不断向外排毒，是重要的传染源，因此，对患病鸡要坚决淘汰。

对该病目前尚无有效的治疗方法，所以预防接种是目前条件下防止鸡病毒性关节炎的最有效方法。由于雏鸡对致病性病毒最易感，而至少要到 2 周龄开始才具有对病毒的抵抗力，因此，对雏鸡提供免疫保护应是防疫的重点。接种弱的活疫苗可以有效地产生主动免疫，一般采用皮下接种途径。

第六节　鸭瘟

鸭瘟又称鸭病毒性肠炎，是由鸭瘟病毒引起的鸭、鹅及其他雁形目禽类均可发生的一种急性、热性、败血性和高度接触性传染病。随着病程发展，病鸭两脚麻痹无力，走动困难，驱赶时，则见两翅扑地而走，走几步后又蹲伏于地上。严重者伏地不起，强迫移动时可见头颈及全身颤抖。参见"第二章第五节鸭瘟"。

第七节　番鸭细小病毒病

番鸭细小病毒病俗称"三周病"，是由番鸭细小病毒引起的以腹泻、喘气和软脚为主要临床症状的一种急性、败血性传染病，主要侵害 1 ~ 3 周龄的雏番鸭。病鸭频死前两肢麻痹，倒地，最后衰竭死亡。参见"第二章第六节番鸭细小病毒病"。

第八节　小鹅瘟

小鹅瘟又称细小病毒感染，是由小鹅瘟病毒引起雏鹅的一种急性或亚急性败血性传染病。临床主要表现精神委顿，食欲废绝，严重下痢，有时出现神经症状，死前两腿麻痹或抽搐，病死率高。参见"第二章第七节小鹅瘟"。

第九节　鸭病毒性肝炎

一、概述

鸭病毒性肝炎是由不同型鸭肝炎病毒引起雏鸭的一种高度致死性传染病。以发病急，传播快，死亡率高及肝炎、出血和坏死为特征。常给养鸭场造成巨大的经济损失。

二、流行病学

在自然条件下本病主要感染 3～20 日龄的雏鸭，尤其以 5～10 日龄最易感，不感染鸡、火鸡和鹅。病鸭和带毒鸭是主要传染源，病愈鸭仍可排毒 1～2 个月。野生水禽可能成为带毒者，成年鸭感染不发病，但可成为传染源。

本病主要通过消化道和呼吸道感染，但不经种蛋传播。在野外和舍饲条件下，本病可迅速传播给鸭群中的全部易感小鸭，雏鸭的发病率与病死率均很高，1 周龄内的雏鸭病死率可达 95%，1～3 周龄的雏鸭病死率为 50% 或更低，4～5 周龄以上的小鸭发病率与病死率较低。

本病一年四季均可发生，但主要流行于孵化季节，饲养管理不当，鸭舍内湿度过高，密度过大，卫生条件差，缺乏维生素和矿物质等都能促使本病的发生。

三、临床症状

潜伏期 1～4 天。本病发病急，传播迅速，死亡一般多发生在 3～4 天内。
表现为精神萎靡、食欲废绝，缩颈、翅下垂、不爱活动、行动呆滞或跟不上群，常蹲下，眼半闭呈昏迷状态。不久即出现神经症状，全身性抽搐，病鸭多侧卧，头向后背，两脚痉挛性地反复踢蹬，有时在地上旋转。出现抽搐后，约十几分钟即死亡。喙端和爪尖瘀血呈暗紫色。死前多数病鸭头向后弯，呈角弓反张姿势，俗称"背脖病"，这是死前的典型症状。少数病鸭死前排黄白色和绿色稀粪。

四、病理变化

特征性病变在肝脏，表现为肝肿大（图4-9），质脆易碎，色暗或发黄，肝表面有大小不等的出血斑点；胆囊肿胀，呈长卵圆形，充满胆汁，胆汁呈褐色，淡茶色或淡绿色；脾有时见有肿大呈斑驳状；许多病例肾肿胀、充血。心肌苍白、柔软、无光泽，如煮肉样（图4-10）。其他脏器常无明显肉眼可见病变。

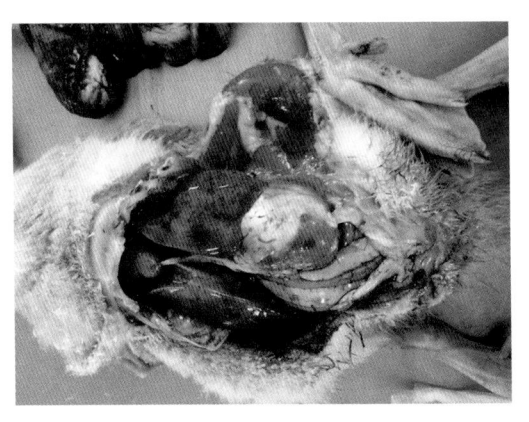

图4-9　肝脏肿大，肝表面出血斑点

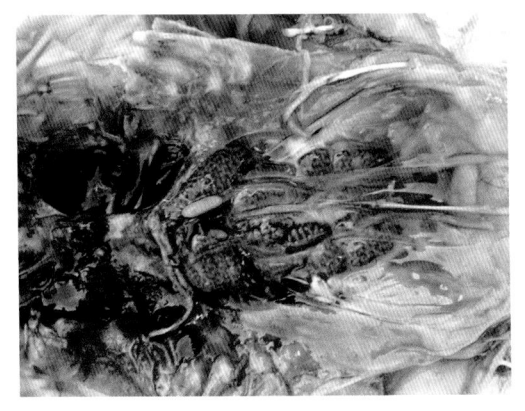

图4-10　肾脏肿大，呈花斑样

五、诊断

通过临床症状、流行病学特征及病理剖检情况可做出初步诊断。经鸭胚、鸡胚尿囊腔接种，或非免疫雏鸭接种进行病毒分离，并结合中和试验结果以及电镜观察结果进行确诊。血清学诊断技术主要有中和试验、ELISA、IFA、琼脂扩散试验、凝集试验和胶体金技术等，以中和试验最为常用。PCR等分子生物学方法在该病的诊断中也有应用。具体可参考农业行业标准NY/T 554-2002《鸭病毒性肝炎诊断技术》或中华人民共和国出入境检验检疫行业标准SN/T 3464-2012《鸭病毒性肝炎Ⅰ型检疫技术规范》对该病进行诊断。

六、防治

坚持自繁自养和全进全出的饲养方式。对 4 周龄内雏鸭采取严格隔离饲养，严禁饮用野生水禽栖息的露天池塘水。

疫苗接种仍是有效预防措施。可用鸡胚化鸭肝炎弱毒疫苗给临产蛋种鸭皮下接种，在种鸭产蛋前 4 周进行皮下或肌内注射免疫，共两次，间隔两周。母鸭的抗体至少可维持 4 个月，其后代雏鸭的母源抗体可保持 2 周左右。但在一些卫生条件差，常发肝炎的疫场，则雏鸭在 10～14 日龄时仍需进行一次主动免疫。未经免疫的种鸭群，其后代 1 日龄时经皮下或腿肌内注射射 0.5～1.0 毫升弱毒疫苗，即可受到保护。

已发病或受威胁的雏鸭群，可经皮下注射康复鸭血清或高免血清或免疫母鸭蛋黄匀浆 0.5～1.0 毫升，同时投服抗生素，可起到降低死亡率、制止流行和预防发病的作用。

第十节　鸭传染性浆膜炎

一、概述

鸭传染性浆膜炎又称鸭疫里默氏杆菌病，是由鸭疫里默氏杆菌引起的主要侵害雏鸭等多种禽类的一种急性或慢性接触性传染病。多发于 1～8 周龄的雏鸭。病鸭常出现眼鼻分泌物增多、腹泻、共济失调、头颈震颤等症状。剖检以纤维素性心包炎、气囊炎、肝周炎、脑膜炎为主要特征，部分病例出现干酪性输卵管炎、结膜炎、关节炎等特征。我国于 1982 年首次报道本病，目前各养鸭省区均有发生，发病率与死亡率均甚高，是危害养鸭业的主要传染病之一。

二、流行病学

1～8 周龄的鸭均易感，但以 2～3 周龄的小鸭最易感。1 周龄以下或 8 周龄以上的鸭极少发病。除鸭外，小鹅亦可感染发病。本病在感染群中的污染率很高，有时可达 90% 以上，死亡率 5%～75% 不等。

病鸭和带菌鸭是主要传染源。本病可通过污染的饲料、饮水、飞沫、尘土等媒介经呼吸道、消化道或通过皮肤伤口（特别是脚部皮肤）、蚊虫叮咬等多种途径感染而发病，库蚊是本病的重要传播媒介。育雏密度过大，空气不流通，潮湿，过冷过热以及饲料中缺乏维生素或微量元素和蛋白水平过低等均易造成发病或发生并发症。

本病发生无明显的季节性，但以低温、阴雨、潮湿的季节以及冬季和春季较为多见。卫生及饲养管理条件好的鸭场常表现为散发且多为慢性。

三、临床症状

潜伏期为 1～3 天或 1 周左右，最急性病例常无任何临床症状突然死亡。

急性型多见于 2～3 周龄小鸭，表现为精神倦怠，缩颈，不食或少食，离群独立，眼鼻有分泌物。腹泻，粪便淡绿色，不愿走动或行动迟缓，甚至卧地不起，运动失调，濒死前出现神经症状，头颈震颤，摇头或点头，角弓反张，尾部轻轻摇摆，不久抽搐而死，病程一般为 1～3 天，幸存者生长缓慢。

日龄较大的小鸭（4～7 周龄）多呈亚急性或慢性经过，病程达 1 周或 1 周以上。病鸭表现除上述症状外，时有出现头颈歪斜，不断鸣叫，转圈或倒退运动。这样的病例能长期存活，但发育不良，生长迟缓，平均体重比正常鸭低 1～1.5 千克，甚至不到正常鸭的一半。

四、病理变化

最急性病例常见肝脏肿大、充血，脑膜充血，其他无明显肉眼病变。

急性、亚急性或慢性最明显的眼观病变是纤维素性渗出物波及全身浆膜面以及心包膜、肝脏表面以及气囊。渗出物可部分机化或干酪化，即构成纤维素性心包炎、肝周炎或气囊炎（图 4-11，图 4-12）。故有"雏鸭三炎"之称。中枢神经系统感染可出现纤维素性脑膜炎。少数病例见有输卵管炎，即输卵管膨大，内有干酪样物蓄积。慢性局灶性感染常见于皮肤，偶尔也出现在关节。皮肤出现坏死性皮炎，关节发生关节炎。

图 4-11　纤维素性肝周炎

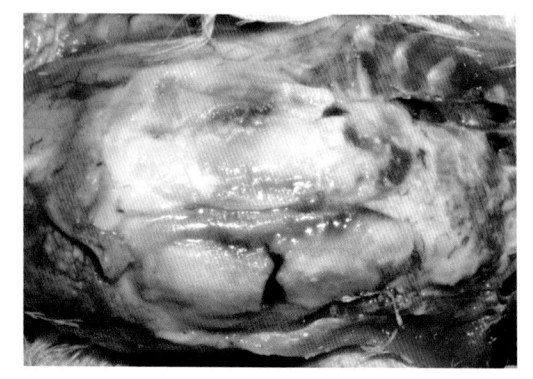

图 4-12　纤维素性心包炎、气囊炎

五、诊断

通过临床症状和剖检观做出初步诊断，通过进一步的细菌分离及鉴定可确诊该病。急性感染期较易从病变组织中分离到细菌，进行培养及鉴定，同时利用特异性抗血清对分离到的细菌进行血清型鉴定。分子生物学方法如 PCR 方法、荧光 PCR 方法等，也可对鸭疫里默氏杆菌进行快速鉴定，其中一些方法还可对细菌进行血清型鉴定。凝集试验和 ELISA 多用于检测动物血清抗体水平。具体诊断方法可参考中华人民共和国出入境检验检疫行业标准 SN/T 4556-2016《鸭疫里默氏菌病检疫技术规范》。

六、防治

（1）平时的预防措施。首先要改善育雏室的卫生条件，特别注意通风、干燥、防寒以及饲养密度。尽力减少雏鸭转舍、气温变化、运输和驱赶等应激因素对鸭群的影响。

（2）疫苗接种。由于本菌的血清型多，各血清型之间缺乏交叉免疫保护，因此在疫苗应用时，要经常分离鉴定各地流行菌株的血清型，选用同型菌株的疫苗，以确保免疫效果。美国近年研制出口服或气雾免疫用的弱毒菌苗。我国也研制出油佐剂和氢氧化铝灭活疫苗。

（3）药物防治。应该建立在药敏试验的基础上，应用敏感药物进行预防和治疗。但对于症状和病变比较严重的病鸭，即使使用敏感药物，疗效也并不理想。

第十一节　禽巴氏杆菌病

慢性感染巴氏杆菌的鸡和鸭有时腿部和翅膀等部位会出现关节肿胀、跛行或完全不能行走，有炎性渗出物和干酪样坏死。参见"第二章第十一节禽巴氏杆菌病"。

第十二节　鸡葡萄球菌病

鸡葡萄球菌病是由金黄色葡萄球菌引起鸡的急性或慢性传染病。主要表现急性败血症、关节炎、脐炎以组织器官发生化脓性炎症。慢性关节炎型病鸡表现为，多个关节发生炎性肿胀，尤其是胫关节、跗关节和趾关节，局部紫红色或黑紫色，破溃后形成黑色痂皮，有的出现趾瘤；脚垫刺伤引起肿胀，跛行，最终因采食困难，逐渐消瘦，衰竭死亡。病程多在 10 天以上。剖检可见关节腔内有浆液性或浆液纤维素性渗出物。病程较长的慢性病例，渗出物变为干酪样，关节周围组织增生，关节畸形。参见"第五章第五节鸡葡萄球菌病"。

第十三节 禽结核病

鸡感染禽结核杆菌会引起关节炎或骨髓结核，表现跛行和一侧翅膀下垂等症状。也会引起脑膜结核，表现呕吐、兴奋、抑制等神经症状。参见"第一章第七节禽结核病"。

第十四节 鸡滑液囊支原体病

一、概述

鸡滑液囊支原体病是由鸡滑液囊支原体引起幼龄鸡和火鸡的一种传染病，又称鸡传染性滑膜炎，其特征是关节肿大、滑液囊及肌腱发炎和实质器官的肿大。

二、流行病学

鸡滑液囊支原体主要感染鸡、火鸡以及珍珠鸡，且以幼雏为主。鸭、鹅、鸽、日本鹌鹑、红腿鹧鸪也可感染。人工接种时，野鸡、鹅、鸭也可感染。以直接接触经呼吸道传染和经蛋感染为主，通过吸血昆虫也可感染。自然感染的潜伏期为 24 ~ 80 天，接触感染通常为 11 ~ 21 天。

三、临床症状

12 周龄以上的鸡很少发病，患病最多的是 9 ~ 12 周龄的鸡，发病率 5% ~ 10%，死亡率一般在 10% 以内，严重者可高达 75% 左右。病鸡鸡冠萎缩、发白、离群、喜卧、缩头闭眼，生长迟缓，羽毛粗乱，步态呈轻微的八字步，跛行、贫血。排绿色粪便，腹水，消瘦。关节周围常呈肿胀，尤以飞节和趾节为重，有时可达鸽蛋大，触之有波动感。病后期，关节变形，久卧不起，虽有食欲但因无法采食而极度消瘦，最后因衰竭或并发其他疾病死亡。母鸡产蛋量可下降 20% ~ 30%。

四、病理变化

剖检时，发病早期大多数在关节、腱鞘呈明显的肿胀，有一种黏稠的、乳酪色至灰白色渗出物存在。病程长者渗出物呈干酪样，被感染关节表面常为黄色或橘红色，特征性渗出物量以跗关节、翼关节或足垫较多，关节膜增厚，关节肿大突出。

五、诊断

根据流行病学、临床症状可进行初步诊断，病原分离鉴定可对该病进行确诊。目前已有商品化的 PCR 试剂盒应用于临床病原检测，具有简单、快捷、特异性高的特点，且敏感性与病原分离方法相近。血清学检测常用方法有血清平板凝集反应、ELISA 方法等，均有商品化试剂出售，多用于检测鸡群常规监测。需要指出的是，某些感染患病的动物会检测不到抗体，因此可能仍然需要病原分离、PCR 检测等进行确诊。大肠杆菌、沙门氏菌、金黄色葡萄球菌或巴氏杆菌也可引起滑膜炎，因此需做好鉴别诊断。可参考农业行业标准 NY/T 553-2015《禽支原体 PCR 检测方法》或 SN/T 1224-2012《禽支原体病检疫技术规范》对该病进行诊断。

六、防治

控制本病主要是通过药物控制和疫苗免疫两种方法。药物控制已经应用许多年，之所以结果不一致，可能与毒株致病力的差异和抗药性有关，故间歇用药和轮换用药很有必要。但必须认识到，目前无论哪一种抗生素，都难以将存在于鸡群中的病原体根除。

疫苗免疫目前国内尚无成功的疫苗上市，国外已有滑液囊支原体灭活苗和滑液囊支原体 H 株活疫苗用于临床，价格较高。滑液囊支原体 H 株疫苗本身没有致病性，通过点眼方式免疫，可以永久性地定植于鸡体内，并能减少由野毒引起的垂直传播，对种鸡来说很有必要。

第十五节　营养代谢性疾病

　　维生素 E - 硒缺乏、维生素 B_1 缺乏、维生素 B_2 缺乏、烟酸缺乏、维生素 B_6 缺乏、叶酸缺乏、钙、磷和维生素 D 缺乏等都会引起禽的神经系统疾病和 / 或运动障碍。详见本书第六章。

>> 第五章
常见皮肤损伤类疾病

第一节　马立克氏病

　　鸡感染马立克氏病病毒后，根据临床表现和病变部位可分为神经型、内脏型、眼型和皮肤型。皮肤型较少见，主要表现为羽毛囊出现小结节或瘤状物，病变可融合成片，以大腿外侧、翅膀、腹部尤为明显。参见"第四章第四节马立克氏病"。

第二节　禽痘

　　禽痘是由禽痘病毒引起禽类的一种急性高度接触传染性病。通常有皮肤型和黏膜型，前者多以皮肤（尤以头部皮肤）形成痘疹、结痂、脱落为特征，夏秋季多发。参见"第一章第五节禽痘"。

第三节　禽白血病

一、概述

　　禽白血病是由禽白血病/肉瘤病毒群中的病毒引起禽类的多种肿瘤性疾病的总称。在临床上有多种表现形式，包括淋巴细胞性白血病、成红细胞性白血病、成髓细胞性白血病、血管瘤、骨髓细胞瘤、内皮瘤、肾瘤、纤维肉瘤、结缔组织瘤和骨化石病等，其中以淋巴细胞性白血病最常见。本病在许多国家甚至养鸡业发达的国家均存在，在我国几乎波及所有商品鸡群。

二、流行病学

　　本病在自然条件下，只有鸡能感染。人工接种野鸡、珠鸡、鸭、鸽、火鸡等，可以引起肿瘤的发生。不同品种鸡的，易感性有差异，产褐蛋的母鸡的易感性高。传染源为病鸡和带毒鸡。经卵由母鸡传给后代是造成本病扩散的主要原因，先天性感染的雏鸡出现免疫耐受，并将终生带毒，其血液和组织中含有大量病毒，病毒随粪便和唾液大量排出，通过鸡与鸡之间的直接或间接接触造成水平感染。由免疫母鸡的蛋孵出的雏鸡不带病毒，母源抗体可维持4～7周。失去母源抗体的雏鸡，可能被感染产生一过性病毒血症，并出现抗体。本病常见于4～19月龄的鸡，出生后最初几周接触感染的雏鸡，发病率很高，随感染时间的后移，则发病率迅速下降。公鸡是病毒的携带者，通过接触及交配传播。

本病的感染虽很广泛，但临床病例的发生率相当低，一般多为散发。

三、临床症状和病理变化

自然感染潜伏期很长，发病常见于14周龄后的任何时间，但通常在性成熟时发病率最高。由于感染的毒株不同，禽白血病有多种病型。常见以下几种。

淋巴细胞性白血病：最常见。14周龄以下的鸡极为少见，至14周龄以后开始发病，在性成熟期发病率最高。病鸡衰弱，排绿色粪便（图5-1）进行性消瘦和贫血，冠髯苍白、皱缩，偶见发绀。腹部常明显膨大，触诊时常可触摸到肝、法氏囊和肾肿大。羽毛有时有尿酸盐和胆色素玷污的斑。最后病鸡衰竭死亡。

剖检可见肿瘤主要发生于肝、脾、肾、法氏囊，也可侵害心肌、性腺、骨髓、肠系膜和肺。肿瘤呈结节状、粟粒状或弥漫性，灰白色到淡黄白色。结节性肿瘤大小不一，单个或大量出现，切面均匀一致，很少有坏死灶。粟粒状肿瘤多见于肝脏，肿瘤均匀分布于肝实质中。肝发生弥散性肿瘤时，呈均匀肿大，且颜色为灰白色，俗称"大肝病"（图5-2）。

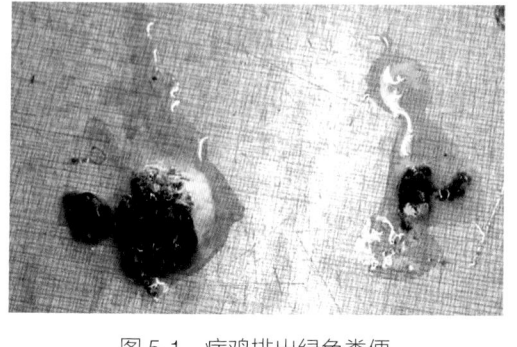

图5-1 病鸡排出绿色粪便

图5-2 肝脏肿胀，弥散性肿瘤结节

成红细胞性白血病：此型比较少见。多发于6周龄以上的高产鸡。病鸡虚弱、消瘦和腹泻，毛囊出血，鸡冠稍苍白或发绀。本病分增生型（胚型）和贫血型两种类型。

剖检时见两种病型都表现全身性贫血，皮下、肌肉和内脏有点状出血。增生型相对较常见，主要是以血流中成红细胞大量增加为特点。特征病变是肝、脾、肾弥散性肿大，呈樱桃红色或暗红色，且质软易脆。贫血型以血流中成红细胞减少，血液淡红色，显著贫血为特点。剖检可见内脏器官（尤其是脾）萎缩，骨髓色淡呈胶冻样。

成髓细胞性白血病：此型很少自然发生。病鸡嗜睡、腹泻、贫血和消瘦。血液不良，羽毛囊出血。病程比成红细胞性白血病长。外周血液中白细胞增加，其中成髓细胞占 3/4。

剖检可见骨髓质地坚硬，呈灰红或灰白色。实质器官增大而脆，偶然在肝脏有灰色弥漫性肿瘤结节。晚期病例，肝、肾、脾出现弥漫性灰色浸润，使器官外观呈斑驳状或颗粒状。

血管瘤：见于皮肤或内脏表面。血管腔高度扩大形成"血疱"，通常单个发生。"血疱"破裂可引起病禽严重失血而死亡。内脏血管瘤剖检时可见肝脏、脾等器官有暗红色血瘤，并有出血，内脏附近有大块凝血块。

骨髓细胞瘤：此型自然病例极少见。特征病变是骨骼上长有暗黄白色、柔软、脆弱或呈干酪状的骨髓细胞瘤，通常发生于肋骨与肋软骨连接处、胸骨后部、下颌骨和鼻腔软骨处，也见于头骨的扁骨，常见多个肿瘤，一般两侧对称。

四、诊断

可根据流行病学和病理学检查进行初步诊断。禽白血病病毒可引起多种特异性肿瘤，其中淋巴细胞白血病易与马立克氏病混淆，接种污染网状内皮增生症病毒的疫苗有时也会产生淋巴细胞性肿瘤，所以鉴别诊断十分重要。病毒分离与鉴定、血清学方法和分子生物学方法都可用于该病的确诊。病毒分离可采用新鲜蛋清、10 日龄鸡胚、精液等材料。因大多数病毒接种细胞后不易产生明显的细胞病变，因此常检测 gag、pol 或 env 基因编码的一种或多种蛋白质，以及通过 PCR 技术检测特异性的前病毒 DNA 或病毒 RNA 序列。此外还可通过检测 p27 抗原判断是否有病毒存在，免疫荧光方法和补体结合反应也可用于检测病毒。在血清学方法中，目前已有商品化的试剂盒用于鸡群的抗原或抗体检测，对该病的筛查及净化起到了一定作用。病毒中和试验、琼脂扩散试验和免疫荧光试验等也已广泛应用于实验室辅助鉴别诊断。可参考国家标准 GB/T 26436-2010《禽白血病诊断技术》或中华人民共和国出入境检验检疫行业标准 SN/T 1172-2014《鸡白血病检疫技术规范》对该病进行诊断。

五、防治

（1）加强饲养管理和环境卫生消毒。给鸡群提供良好的外部环境条件，减少应激。特别是育雏期（最少1个月）封闭隔离饲养，并实行全进全出饲养管理制度。病毒抵抗力不强，重视日常消毒，及时处理粪便。发现病鸡、可疑鸡应坚决淘汰，以消灭传染源。

（2）重视种群净化。本病主要为垂直传播，病毒型间交叉免疫力很低，雏鸡免疫耐受，对疫苗不产生免疫应答，所以对本病的控制尚无切实可行的方法。减少种鸡群的感染率和建立无白血病的种鸡群是控制本病的最有效措施。种鸡在8周龄和18～22周龄时，用阴道拭子采集原料检查抗原，在22～24周龄时，检查是否有病毒血症，同时检测蛋清、雏鸡胎粪中的抗原，阳性种鸡、种蛋和种雏全部淘汰，选择试验阴性母鸡的受精蛋进行孵化，要求在隔离条件下出雏饲养，连续进行4代，建立无病鸡群。但此法由于费时长、成本高、技术复杂，一般种鸡场还难以实行。

（3）提高非特异性免疫。使用免疫增强剂，如黄芪多糖、人参多糖、党参多糖、干扰素、鸡转移因子、肿瘤坏死因子、白细胞介素等，以增强禽对白血病病毒的抵抗力。另外，也可用抗病毒中药，如板蓝根、穿心莲、大青叶、金银花、鱼腥草、黄连、龙胆草等，作为鸡的日常保健，也能提高鸡抵抗白血病的能力。

第四节　包涵体肝炎

一、概述

包涵体肝炎是由I群禽腺病毒引起的雏鸡的一种急性传染性疾病。其特征为肝炎、肝细胞内形成核内包涵体、贫血和肌肉出血。已知有12种血清型的禽腺病毒与本病有关。

二、流行病学

易感动物只有鸡易感，肉鸡多发。发病年龄多发生在3～7周龄的肉鸡，蛋鸡也偶有发生。传染源是病鸡、带毒鸡。病毒通过粪便、气管和鼻排出病毒而感染健康鸡。传播途径主要经呼吸道、消化道及眼结膜感染，也可通过种蛋传染给下一代。感染本病的

种母鸡，种蛋孵化率，下降和雏鸡死亡率增高，发生过传染性法氏囊病的鸡易发本病。本病可通过鸡蛋传递病毒，也可从粪便排出，因接触病鸡和污染的鸡舍而传递，感染后如果继发大肠杆菌病或梭菌病，则死亡率和肉品废弃率均会增高。本病的发生往往与其他诱发条件如传染性法氏囊病有关。以春夏两季发生较多。病愈鸡能获终身免疫。

三、临床症状

健康鸡群突然发病，并在感染 3 ~ 5 天后出现死亡高峰，然后很快停止，也有的持续 2 ~ 3 周。发病率低，病鸡呈蜷曲姿势，羽毛粗乱，表现贫血、黄疸、虚弱和虚脱。有症状的病鸡通常几小时内死亡。轻症鸡数天后即可耐过恢复，多数无症状的感染鸡体重减轻，饲料利用率降低，呈一过性减蛋（图5-3）。成年鸡感染通常不表现临床症状，但可在血液中检出抗体。

图 5-3 蛋壳质量下降

四、病理变化

主要变化为贫血、黄疸，肝脏肿大、苍白、质脆，表面有不同程度的出血斑或出血点，有的可见到大小不等的坏死灶，肝褪色呈淡褐色至黄色。病程长的病鸡肝萎缩。病理学检查在肝细胞中可见核内包涵体。

肾肿大、苍白，被膜散在点状出血，肾小管内有尿酸盐沉积。有的病例尚可见脾脏和法氏囊萎缩，骨髓病变，长骨骨髓呈桃红色或黄褐色，偶见呈灰白色胶冻状。皮下、胸肌、腿肌、肠及其他脏器可见有明显出血。

五、诊断

可选择患病动物的粪便、肝脏、肾等，在适合的细胞上进行病毒分离培养。通过电镜观察培养细胞裂解物或细胞免疫化学方法可做出诊断。中和试验及 PCR 技术都可对病毒血清型进行鉴定。ELISA 方法与间接免疫荧光试验常用于检测群特异性抗体。其中 ELISA 方法可参考中华人民共和国出入境检验检疫行业标准 SN/T 1575-2005《鸡包涵体肝炎酶联免疫吸附试验操作规程》进行操作。

六、防治

做好传染性法氏囊病和传染性贫血的免疫接种工作，确保雏鸡有足够的传染性法氏囊病母源抗体，可免受传染性法氏囊病的早期感染，从而有助于预防雏鸡包涵体肝炎的发生。其次，加强饲养管理，做好消毒工作，可减少本病的发生。避免从有该病的孵化厂和鸡场引进种蛋和雏鸡。有病的鸡群应全部淘汰，消毒时，可用次氯酸钠或碘制剂等。饲料中适当添加抗生素及维生素有助于控制并发感染。目前尚无疫苗可用。

第五节　鸡葡萄球菌病

一、概述

鸡葡萄球菌病是由金黄色葡萄球菌引起鸡的急性或慢性传染病。主要表现急性败血症、关节炎、脐炎以组织器官发生化脓性炎症。雏鸡和中雏发病多而且死亡率高，是集约化养鸡场危害严重的细菌性疾病之一。

二、流行病学

本病可引起各个品种和任何年龄的鸡发病，甚至鸡胚都可以感染。30～60日龄的雏鸡经常发生。

葡萄球菌在自然环境中分布极为广泛。通过各种途径均可感染，损伤的皮肤黏膜是主要的入侵门户，但也可能经直接接触和空气传播，雏鸡通过脐带也是常见的途径。在生产中造成鸡外伤的原因很多，如带翅号、断喙、网刺、刮伤、扎伤、扭伤和啄伤等。接种疫苗时消毒不严，亦可造成感染。

本病的发生和流行，与各种诱发因素关系密切，如饲养管理不善、环境恶劣、污染严重、有并发病存在等，葡萄球菌也常成为其他传染病混合感染或继发感染的病原。

本病一年四季均可发生，在雨季和潮湿季节发病较多，笼养和平养都有发生，但笼养鸡比平养鸡多见。

三、临床症状及病理变化

葡萄球菌病因病原种类、感染部位、鸡的日龄不同，其表现多种多样，常见有以下5种类型。

急性败血症：以败血症、皮肤溃烂及雏鸡脐炎为特征。部分鸡下痢，粪便呈黄绿色。胸腹部、大腿内侧皮下水肿，有血样渗出液，外观呈紫色或紫黑色，触摸有波动感，局部羽毛脱落或用手一摸即脱。有的皮肤自然破溃后流出褐色或紫红色的液体。胸腹部和腿内侧肌肉有散在的出血点、出血斑或条纹状出血，尤其胸骨部位的肌肉出血更为明显。部分鸡在翅膀背侧及腹面、翅尖、尾部、头脸、肉垂等部位，出现大小不等的出血斑，局部发炎、坏死或干燥结痂。有的病例关节肿大。急性病鸡多在2～5天内死亡，最急性者可在1～2天内死亡。

剖检可见肝脏肿大，呈紫红色，有出血点，病程稍长的病例，有数量和大小不等的白色坏死点；脾脏肿大，紫红色，有时表面可见白色坏死点；腹部脂肪、心冠脂肪和心外膜有出血点，心包发炎，心包内有黄色混浊的渗出液。

慢性关节炎型：多个关节发生炎性肿胀，尤其是胫关节、跗关节和趾关节，局部紫红色或黑紫色，破溃后形成黑色痂皮，有的出现趾瘤；脚垫刺伤引起肿胀，跛行，最终因采食困难，逐渐消瘦，衰竭死亡。病程多在10天以上。剖检可见关节腔内有浆液性或浆液纤维素性渗出物。病程较长的慢性病例，渗出物变为干酪样，关节周围组织增生，关节畸形。

脐炎型：病鸡体弱怕冷，不爱活动，常拥挤在热源附近，发出"吱吱"的叫声。突出的表现是腹部膨大，脐孔闭锁不全，脐孔发红，局部呈黄红或紫黑色，脐孔及周围组织发炎、肿胀或形成坏死灶，俗称"大肚脐"。一般2～5天死亡。剖检可见卵黄吸收不良，呈暗红色、黄绿色或黑色，内容物稀薄、黏稠或呈豆腐渣样。肝脏肿大，有出血点，胆囊肿大。

胚胎感染的死亡鸡胚，头部皮下水肿，胶冻样浸润，呈黄色、红黄色或粉红色。头及胸部皮下出血。卵黄囊壁充血或出血，内容物稀薄，混有血丝，呈淡黄色。

眼型：本型除在败血型发生的后期出现，也可单独出现。病鸡头部肿大，病侧上下眼睑肿胀粘连。打开眼睑时可见结膜肿胀，眼角内有多量分泌物，并有肉芽肿。病程久者眼球下陷，眶下窦肿胀，眼失明，最后因不能采食导致饥饿、衰竭死亡。眼型发病占总病鸡30%左右，占死亡20%左右。

肺型：多见于中雏，主要表现全身症状及呼吸障碍。剖检肺部以瘀血、水肿和肺实变为特征。甚至见到黑紫色坏疽样病变。

四、诊断

采集疑似患病动物的临床病料，通过细菌分离培养及生化反应鉴定进行确诊。大多数金黄色葡萄球菌可在血琼脂平板上产生 β 溶血现象，而其他葡萄球菌通常无此现象。该病需要与大肠杆菌、多杀性巴氏杆菌、鸡伤寒沙门氏菌、滑液支原体等病原引起的骨、关节感染或败血症进行鉴别诊断。

五、防治

（1）加强饲养管理。由于葡萄球菌是鸡场和鸡群中的常在菌，因此避免发生外伤，消除感染是关键。鸡舍内安装的网架结构要安全合理，网眼合适，若网眼过大，在育雏或育成的早期，应用塑料网覆盖。捆扎塑料网的铁丝断端不应有"毛刺"，脱焊的应及时维修。地面不能有任何尖锐的物体，如瓦块、玻璃等。断喙、带翅号、剪趾、注射和免疫刺种时要细心，做好局部消毒。适时断喙，防止相互啄羽、啄肛而造成感染。发现外伤要及时处治。

（2）搞好鸡舍卫生及消毒工作。种蛋、孵化用具按规定严格消毒，定期对鸡舍用具、内外环境进行消毒，减少环境中的含菌量，消除传染源，降低感染机会。

（3）治疗。发病后，应立即挑出病鸡，隔离喂养，选用敏感药物进行全群防治。目前治疗该病可选择的药物很多，如青霉素、林可霉素、红霉素、庆大霉素、氧氟沙星、多黏菌素等。据报道，金黄色葡萄球菌对新型青霉素耐药性低，应列为首选治疗药物。由于金黄色葡萄球菌的耐药菌株日趋增加，所以在使用药物之前须经药敏试验后，选择最敏感的药物全群防治，同时还应注意定期联合用药和轮换用药。

第六节　鸡螨病

一、概述

鸡螨病是由刺皮螨科的刺皮螨属、疥螨科的膝螨属，新棒恙螨科的新棒属以及羽管螨科的羽管螨属和麦食螨科吸盘螨属的螨虫，寄生在鸡的皮肤上，皮肤内，羽管中引起的鸡的寄生虫病。

二、病原

（1）皮刺螨病。病原为皮刺螨科，皮刺螨属，鸡皮刺螨。鸡皮刺螨呈长椭圆形，棕灰色，吸血后呈淡红色，俗称红螨，雌虫长 0.72 ~ 0.75 毫米，宽 0.4 毫米。雄虫长 0.60

毫米，宽0.32毫米。口器长，螯肢呈细长针状，有4对长而强大的足。其发育分为卵、幼虫、稚虫和成虫四个时期。成虫和稚虫时期在晚上爬到鸡身上吸血，其余时期均躲在鸡舍的缝隙当中。成虫能耐饥饿，不吸血状态可生存82～113天。患病鸡表现为日渐衰弱，贫血，产蛋下降，严重的可衰竭死亡。鸡的皮刺螨为红色，易于在鸡舍中发现，找到虫体后可确诊。

防治方法：①伊维菌素按每千克体重鸡200微克，一次皮下注射。②0.001％及0.002％杀灭菌菊酯药液，用喷雾法喷洒鸡舍墙壁等各个部位，夏季还可直接喷鸡。

（2）鸡膝螨病。病原为疥螨科膝螨属的突变膝螨和鸡膝螨所引起的。雌虫近圆形，足极短，雄虫卵圆形，足较长。其中突变膝螨雄虫长0.19～0.20毫米，宽0.12～0.13毫米，雌虫长0.41～0.44毫米，宽0.33～0.38毫米。鸡膝螨较小，体长0.3毫米左右。突变膝螨寄生于鸡趾和胫部皮肤鳞片下面；鸡膝螨寄生于鸡羽毛根部皮肤上，二者生活史相似，全部在鸡身上进行。成虫在皮肤挖洞，在隧道中产卵，孵化幼虫，再蜕化后发育为成虫。突变膝螨使趾及胫部无羽毛皮肤发炎增厚，常形成石灰脚病，严重者行走困难，甚至发生趾骨坏死。鸡膝螨沿羽轴穿入皮肤，使局部皮肤发炎，奇痒。鸡常啄咬患部羽毛，严重时羽毛几乎脱光，故称脱羽病。病鸡体重，产蛋量均下降。用小刀蘸油类液体刮取病变部皮肤进行镜检，查到虫体即可确诊。

（3）新棒恙螨病。病原为恙螨科新棒属新棒恙螨。幼虫寄生于鸡体表，常寄生于翅膀内侧，胸肌两侧和腿内侧皮肤上。其幼虫很小，肉眼难见，饱食后为0.42毫米×0.32毫米，似一微小红点。幼虫有3对足，椭圆形。只有幼虫寄生在鸡体，其余卵、若虫和成虫阶段均在潮湿的草地上。幼虫在鸡体可寄生35天以上。患鸡常显奇痒症状，出现痘疹状病灶，周围隆起，中间凹陷，中心有一小红点即恙螨。病鸡消瘦、贫血、拒食、喜卧，可造成死亡。于痘脐中央用小镊子夹取小红点镜检为虫体即可确诊。

防治方法为：①鸡患部涂擦10％酒精、5％碘酊或5％硫黄软膏，一次即可杀死虫体。②用氯蜱硫磷按每亩250克，喷洒鸡放牧地。③避免在潮湿草地上放牧。

（4）羽管螨病。病原为羽管螨科羽管螨属双梳羽管螨寄生在鸡在羽毛羽管中引起的。双梳羽管螨柔软狭长，两侧近平行，乳白色。雌虫大小为（0.73～0.99）毫米×（0.18～0.28）毫米，雄虫为（0.23～0.29）毫米×（0.15～0.19）毫米。羽管螨生活史有卵、幼虫、若虫和成虫四个阶段。鸡感染最多的是飞羽，其次是复羽，再次是尾羽。南方感染率高，北方感染率低。该病无显著临床症状，少数鸡在皮肤上形成芝麻大小的充血、出血点，无炎症反应。该病对产蛋有一定影响。感染该病的羽管内有黄色粉末，一般在羽管下部。虫体少时看不到粉末，可将羽管纵向剪开，在解剖镜下检查到虫体即可确诊。

第七节　鸡虱病

一、概述

鸡虱病是由各种鸡羽虱寄生于鸡的体表引起的。鸡羽虱是一种永久性寄生虫，全部生活史都在鸡身上进行，一般不吸血，只食毛或皮屑。

二、病原

鸡羽虱属于食毛虱日短角羽虱科和长角羽虱科的不同属，种类较多。常见的有鸡羽虱、鸡体虱，广幅长圆虱，大姬圆虱等种类。这些种类大小和外观形态虽有差异，但身体的大体结构均相同。羽虱是无翅的昆虫，体分头、胸、腹三部分。头部宽，并宽于胸部，有咀嚼型口器。胸部分前中后三节，每节腹面两侧各有一对腿，多数羽虱中胸与后胸不同程度融合，表现为二节组成。

三、生活史

鸡羽虱属不完全变态，缺蛹的阶段，整个生活史都在鸡身上进行，由卵经若虫发育为成虫。卵期约一周，若虫阶段需经3~5次蜕皮发育为成虫，需2~4周时间。成熟雄虫于交配完死亡，雌虫于产卵2~3周产完卵后死亡。本病在秋冬季节多发，密集饲养时易发。

四、致病作用与症状

主要致病作用是瘙痒作用，影响鸡的采食与休息等。表现为病鸡奇痒不安，常啄断自体羽毛与皮肉，食欲下降与渐进消瘦，蛋鸡则影响产蛋。本病易于诊断，找到虱子及卵即可确诊。

五、防治

主要是药物防治，10%二氯苯醚菊酯，加5 000倍水，用喷雾器对鸡逆毛喷雾，全身都必须喷到，然后遍喷鸡舍。

>> 第六章
常见营养代谢性疾病

第一节　维生素 A 缺乏症

一、概述

维生素 A 缺乏症是由于日粮中供应不足或消化吸收障碍引起的以黏膜、皮肤上皮角化变质、生长发育不良、免疫力下降、干眼病和夜盲症为主要特征的营养代谢性疾病。

二、临床症状

雏鸡和初开产母鸡常易发生本病。雏鸡一般在 3 ~ 7 周龄发病，若在 1 周龄发病，则与母鸡缺乏维生素 A 有关。轻度缺乏维生素 A，往往不被察觉，重度缺乏时才出现明显症状。

雏鸡表现厌食、生长停滞、消瘦、衰弱和运动失调。黄色鸡种喙色素消退，冠和肉髯苍白。病程超过 1 周的鸡，眼睑发炎或粘连，鼻孔和眼睛流出黏性分泌物，眼睑肿胀，蓄积有干酪样的渗出物，角膜混浊，严重者角膜软化或穿孔失明。口腔黏膜有白色小结节或覆盖一层白色的豆腐渣样的薄膜，剥离后黏膜完整无出血溃疡现象。

成年鸡一般呈慢性经过，通常在 2 ~ 5 个月内出现症状。鸡群呼吸道和消化道黏膜抵抗力降低，易诱发传染病、继发或并发家禽通风，或骨骼发育障碍，造成运动无力、两腿瘫痪，偶有神经症状，运动缺乏灵活性。鸡冠发白有皱褶，爪、喙色淡。母鸡产蛋量和孵化率降低，公鸡精液品质下降，受精率低。

三、病理变化

口腔、咽部及食道黏膜上皮增生和角质化，黏膜上出现许多灰白色小结节，有时融合成一层白色假膜，为本病的特征性病变，成年鸡比雏鸡明显。同时在内脏出现尿酸盐沉积（图 6-1），其中最为明显的是肾肿大，颜色变淡，表面有灰白色网状花纹，输尿管变粗，心包、肝等脏器的表面也常有尿酸盐覆盖，雏鸡的尿酸盐沉积通常比成年鸡严重。

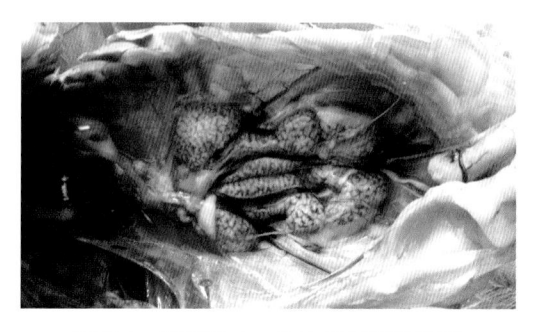

图 6-1　肾脏肿大，有大量尿酸盐沉积

四、防治

1. 根据生长与产卵不同阶段的营养要求提供足够的维生素 A

平时多喂富含维生素 A 或维生素 A 原的饲料，如鱼肝油、肝粉、牛奶、胡萝卜、南瓜和各种青绿饲料等。鸡在采食不到青绿饲料的情况下必须保证添加足够的维生素 A 预混剂。推荐饲料中维生素 A 的补充量是：成鸡每千克饲料添加 2 400 国际单位，雏鸡每千克饲料添加 1 200 国际单位。

2. 注重饲料的保管和调配

注意防止发生酸败、霉变、发酵、发热和氧化，以免维生素被破坏。在配料时还应注意考虑饲料中实际具有的维生素 A 活性，并要现配现喂，不宜长期保存。全价饲料中添加抗氧化剂，以防止维生素 A 在贮存期间被氧化损失。

3. 治疗

治疗要先消除病因。可在饲料中补充维生素 A，如鱼肝油等。群体治疗时，可用鱼肝油按 1% ~2% 浓度混料，连喂 5 天（或按每千克体重补充维生素 A 1 万国际单位）可治愈。对较重的成年母鸡，每只病鸡每日口服鱼肝油丸 1 粒，重病雏鸡每日滴服鱼肝油数滴，连用 5~7 天，维生素 A 吸收很快，因此，如果不是缺乏症的后期，家禽会很快恢复。若同时在饲料中再补加一定量的维生素 E 和维生素 C，其效果会明显。

第二节　维生素 E- 硒缺乏症

一、概述

鸡维生素 E - 硒缺乏症是由于日粮中维生素 E - 硒供给不足或消化吸收障碍，引起的以脑软化、渗出性素质及肌营养不良为主要病变特征，且表现形式多样的营养代谢性疾病。

二、临床症状

脑软化症：在 7~56 日龄内均可发生，但多发于 15~30 日龄，以运动失调或全身麻痹为特征。主要表现共济失调，病禽头向下或向后弯曲挛缩，有时向一侧弯曲或向后仰，呈角弓反张状。两腿阵发性痉挛抽搐，不完全麻痹，行走不稳，最后瘫痪，衰竭而死。

渗出性素质：多发于20～60日龄禽，以20～30日龄为多，主要表现在翅下或胸部皮肤呈蓝紫色，皮下积有黄绿色胶冻样液体。有的胸、腹皮下有黄豆大到蚕豆大的紫蓝色斑点或紫蓝色水肿，穿刺流出蓝绿色液体。发病严重的雏禽站立时两腿叉开，运动障碍，排稀粪，有时突然死亡。青年禽可见面部或肉髯呈蓝紫色。

白肌病（肌肉营养不良）：主要是由于维生素E缺乏并伴有含硫氨基酸缺乏而引起，多见于1月龄前后。病雏体质衰弱，贫血，行走无力，胸肌、腿肌萎缩，站立不稳，陆续发生死亡。

繁殖障碍：成年公鸡可因睾丸退化变性而生殖机能减退，精液品质变差，致使鸡蛋受精率显著降低。成年种母鸡无明显症状，但母鸡所产蛋的受精率和孵化率降低；胚胎常于4～7日龄时开始死亡。维生素E缺乏症状以小脑软化为主，而硒缺乏症状以渗出性素质为主，并有肌营养不良。

三、病理变化

脑软化症的病雏可见小脑柔软和肿胀，脑膜水肿，小脑表面出血，脑回展平，脑内可见一种呈现黄绿色混浊的坏死区。

渗出性素质的病雏，皮下可见有大量淡蓝绿色的黏性液体，心包内也积有大量液体。

白肌病的病雏，可见肌肉（尤其是胸肌）呈现灰白色条纹（肌肉凝固性坏死所致）。鸡、火鸡维生素E和硒缺乏，可导致肌胃和心肌产生严重的肌肉病变（图6-2）。

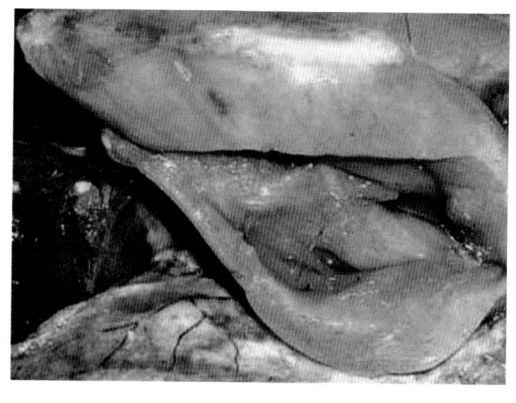

图6-2 胸肌苍白似熟肉样

四、防治

本病以预防为主，在雏禽日粮中添加0.1～0.2毫克/千克的亚硒酸钠和20毫克/千克维生素E。注意要把添加量算准，搅拌均匀，防止中毒。在治疗时，并用0.005%亚硒酸钠溶液皮下或肌内注射，雏禽0.1～0.3毫升，成年家禽1.0毫升。或用饮水配制

成 0.1 ~ 1 毫克 / 升的亚硒酸钠溶液，给雏禽饮用，5 ~ 7 天为一疗程。对小鸡脑软化的病例，必须以维生素 E 为主进行防治；对渗出性素质、肌营养性不良等缺硒症则要以硒制剂为主进行防治，效果好又经济。

第三节　维生素 B_1 缺乏症

一、概述

维生素 B_1 即硫胺素，维生素 B_1 缺乏可引起家禽碳水化合物代谢障碍及神经系统疾病。

二、临床症状

雏禽缺乏维生素 B_1 时多在 2 周内发病。表现厌食、消瘦、贫血、羽毛松乱，腿软无力，行走困难。由于腿麻痹不能站立和行走，病禽以跗关节和尾部着地，两翅展开以维持平衡，头向后仰，呈特殊的"观星"姿势；有时坐在地面或倒地侧卧，严重的衰竭死亡。

成禽缺乏维生素 B_1 时表现较轻，逐渐发病，约 3 周以后才出现临诊症状。病初与雏鸡相似。以后神经症状逐渐明显，开始是脚趾的屈肌麻痹，接着向上发展，腿、翅膀和颈部的伸肌明显地出现麻痹。有些病禽出现贫血和拉稀。

三、病理变化

无特征性病理变化，病死雏禽的皮肤呈广泛水肿，肾上腺肥大，生殖器官萎缩，睾丸比卵巢的萎缩更明显。心脏轻度萎缩，心房比心室较易受害。胃和肠壁萎缩。

四、防治

1. 预防

适当多喂各种谷物，麸皮和青绿饲料。注意日粮配合，在饲料中添加维生素 B_1，鸡每千克料 1 ~ 2 毫克，火鸡和鹌鹑为 2 毫克。雏鸡每千克饲料添加 5 ~ 10 毫克，在应用磺胺类等药物时应适当增加维生素 B_1 的剂量。

2. 治疗

病禽可用硫胺素治疗，每千克饲料加 10～20 毫克，连用 1～2 周；重病禽肌内注射，幼禽每次 1.0 毫克，成禽每次 5.0 毫克，每日 1～2 次，连用 7 天。

第四节　维生素 B₂ 缺乏症

一、概述

维生素 B_2 又叫核黄素，是体内十多种酶的辅基，与生长、发育和蛋的孵化有密切关系。维生素 B_2 缺乏时，主要表现被毛病变和趾爪蜷缩、瘫痪和坐骨神经肿大，成鸡产蛋率下降，种蛋孵化率降低。常与其他 B 族维生素缺乏相伴发生。

二、临床症状

本病多发于育雏期和产蛋高峰期。雏鸡生长缓慢，消瘦，结膜炎和角膜炎。皮肤干而粗糙，羽毛粗乱无光，绒毛很少。消化机能紊乱，严重时贫血、下痢。最明显的症状是"卷爪"，麻痹症，脚趾向内蜷曲成拳状，中趾尤为明显，两脚不能站立，常以双翅支撑身体向前行走（图 6-3，图 6-4）。严重的病禽常将两脚叉开，卧地，不能走动，最后衰弱死亡或被其他禽踩死。

成年鸡产蛋量下降明显，蛋白稀薄。种禽孵化率明显降低，在孵化后 12～14 天胚胎死亡，孵出雏鸡因绒毛无法突破羽毛鞘而呈结节状。

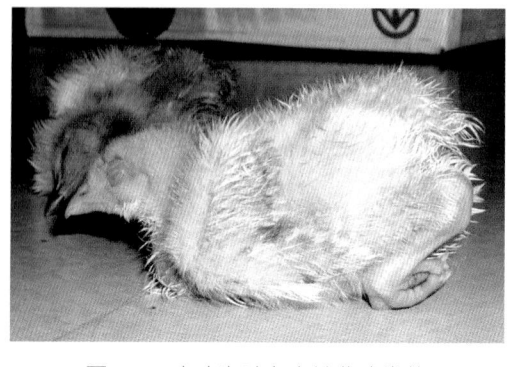

图 6-3　病鸡脚趾向内蜷曲成拳状

图 6-4　病鸡卷爪

三、病理变化

内脏器官没有特征性变化。胃肠道黏膜萎缩，肠道内有大量泡沫状内容物，重症禽坐骨神经、肱骨神经肿胀，坐骨神经变粗，有时是正常的 3~4 倍，质地柔软而失去弹性，呈黄色外观。

四、防治

1. 预防

在配合饲料时，应注意选用富含维生素 B_2 的饲料，如新鲜青绿饲料、酵母、糠麸、谷类等。根据鸡不同的生长阶段的饲养标准，再加入人工合成的维生素 B_2。配饲料时，禽用多维素最好现用现配，因为多维素中的核黄素遇光及碱性物质极易被破坏。

2. 治疗

在每千克日粮中加 10~20 毫克核黄素，连用 1~2 周。食欲不好时也可进行内服维生素 B_2，雏鸡每只为 0.1~0.2 毫克，育成禽每只 5~6 毫克，出雏率降低的母禽每只内服 10 毫克，连用 7 天可收到好的疗效。同时适当增加多维素的添加量。

对足爪已蜷缩、坐骨神经损伤的病鸡，即使用核黄素治疗也无效，病理变化难于恢复。因此，对此病早期防治非常必要。

第五节　禽烟酸缺乏症

一、概述

禽烟酸缺乏症，是一种禽类的营养缺乏症。烟酸又称为尼克酸，是动物体内营养代谢必需物质，引起禽烟酸缺乏的原因很多。家禽肠道合成烟酸能力低，尤其在养禽业中长期使用抗生素，使胃肠道内微生物受到抑制，微生物合成烟酸量更少了；生产性能高的新品种家禽对烟酸等营养物质需求大大增加；家禽患有热性病、寄生虫病、腹泻症或消化道、肝和胰脏等机能障碍时，对烟酸等营养消耗增多或营养吸收减少。

二、临床症状

雏鸡、青年鸡、鸭均以生长停滞、发育不全及羽毛稀少为该病的特有症状，其中幼雏更多见。皮肤发炎有化脓性结节，腿部关节肿大，骨短粗，腿骨弯曲，与滑腱症有些相似，不过其跟腱极少滑脱。雏鸡口黏膜发炎，消化不良和下痢。火鸡、鸭、鹅的腿关节韧带和腱松弛。成年鸭的腿呈弓形弯曲，严重时能致残。产蛋鸡引起脱毛，有时能看到足和皮肤有鳞状皮炎。

三、病理变化

严重病例的骨骼、肌肉及内分泌腺可发生不同程度的病变，许多器官出现明显萎缩。皮肤角化过度而增厚，胃和小肠黏膜萎缩，盲肠和结肠黏膜上有豆腐渣样覆盖物，肠壁增厚而易碎，肝脏萎缩并有脂肪变性。

四、防治

正常饲料中应添加足量的色氨酸和烟酸，家禽的烟酸需要量雏鸡为每千克饲料26毫克，生长鸡11毫克，蛋鸡为每天1毫克。一旦发病，应针对发病原因采取相应措施，调整日粮中玉米比例，或添加色氨酸、啤酒酵母、米糠、麸皮、豆类、鱼粉等富含烟酸的饲料。对病雏鸡可在每吨饲料中添加15～20克烟酸，有肝脏疾病存在时可配合应用胆碱或蛋氨酸进行防治。避免饲料原料单一，尽可能使用富含B族维生素的酵母、麦麸等。

第六节　维生素 B$_6$ 缺乏症

一、概述

维生素 B$_6$ 又称吡哆醇，是禽体重要辅酶，家禽不能合成维生素 B$_6$，必须从饲料中摄取。其缺乏症是以食欲下降、骨短粗和神经症状为特征的营养代谢病。

维生素 B$_6$ 的缺乏症一般很少发生，只有在饲料中极度不足或在应激时家禽对维生素 B$_6$ 的需求量增加的情况下才导致缺乏症的发生。

二、症状及病变

维生素 B$_6$ 缺乏时主要引起蛋白质和脂肪代谢障碍，血红蛋白合成受阻，以及神经系统的损害，导致家禽生长发育受阻，引起贫血和神经组织变性，因而具有生长不良、

贫血及特征性神经症状。雏鸡在维生素 B_6 缺乏时，主要表现神经症状：异常兴奋，无目的奔跑，拍翅膀，头下垂。以后出现全身性痉挛，运动失调，身体向一侧偏倒，头颈和腿脚抽搐，最后衰竭而死。此外病雏食欲不振，生长迟缓，羽毛粗糙，干枯蓬乱，鸡冠苍白，贫血。成年鸡食欲不振，消瘦，产蛋下降，孵化率低，贫血，冠、肉垂、卵巢和睾丸萎缩，最后死亡。成鸭表现为贫血苍白，一般无神经症状。剖检死鸡皮下水肿，内脏器官肿大，脊髓和外周神经变性，有时肝变性。

三、防治

（1）按雏鸡和产蛋鸡 3 毫克 / 千克、种母鸡 4.5 毫克 / 千克标准，在饲料中添加酵母、麦麸、肝粉等富含维生素 B_6 的饲料，可以防止该病的发生。

（2）在使用高蛋白饲料时应增加维生素 B_6 添加量。

（3）应激状态下应额外添加维生素 B_6。已经发生缺乏的成禽可肌内注射维生素 B_6 5～10 毫克 / 只，饲料中添加维生素 B_6 10～20 毫克 / 千克饲料。

第七节　叶酸缺乏

一、概述

禽叶酸缺乏症，是一种家禽的营养缺乏症，患病雏鸡表现为生长不良、贫血、羽毛色素缺乏、伸颈麻痹，严重的会发生巨幼红细胞性贫血症和白细胞减少症。

二、临床症状

雏鸡和雏火鸡叶酸缺乏病的特征是生长停滞、贫血、羽毛生长不良或色素缺乏。火鸡雏还表现特征性的神经麻痹。若不立即投给叶酸，在症状出现后 2 天内便死亡。重症病雏会出现巨幼红细胞性贫血症和白细胞减少症，有些还出现脚软弱症或骨短粗症。

种用成年鸡和火鸡日粮中缺乏叶酸，其产蛋量会下降，种蛋孵化率降低。死亡的鸡胚嘴变形和胫跗骨弯曲。

三、病理变化

病死家禽的剖检可见肝、脾、肾贫血，胃有小点状出血，肠黏膜有出血性炎症。

四、防治

家禽的饲料里应搭配一定量的黄豆饼、啤酒酵母、亚麻仁饼或肝粉，防止单一用玉米作饲料，以保证叶酸的供给可达到预防目的。

治疗病禽最好肌内注射叶酸制剂，1周内血红蛋白值和生长率即可恢复正常。也可口服叶酸。若配合应用维生素 B_{12}、维生素 C 进行治疗，可收到更好的疗效。

第八节　钙、磷和维生素 D 缺乏症

一、概述

钙、磷与家禽骨骼形成和成年母鸡蛋壳形成等密切相关，维生素 D 能促进钙和磷的吸收，调解体内钙和磷的代谢，提高血液中钙磷浓度，有利于钙磷沉积。钙、磷和维生素 D 三者在生理上密切相关。日粮中钙、磷和维生素 D 的含量不够或钙、磷的比例不当，都会影响钙和磷的吸收和利用。过量的钙导致钙磷比例失调，骨骼畸变；磷过多可引起骨组织营养不良。所以钙磷缺乏和钙磷比例失调均可引起雏鸡佝偻病，在产蛋鸡则引起软骨病、产蛋下降或产蛋疲劳症。

二、临床症状

雏禽的典型症状是佝偻病，多发于 1～25 日龄，表现厌食，生长发育缓慢，羽毛生长不良，腿软，站立不稳，常走走就蹲下，呈企鹅姿势，严重者不能站立，两肢呈 S 形，易骨折。成禽缺钙时易发生骨软症，骨质疏松，骨骼变形，腿软，卧地不起，爪、喙变软，胸骨弯曲，产蛋下降，蛋壳变薄，初期软壳蛋增多，蛋壳畸形、沙皮等（图6-5，图6-6）。

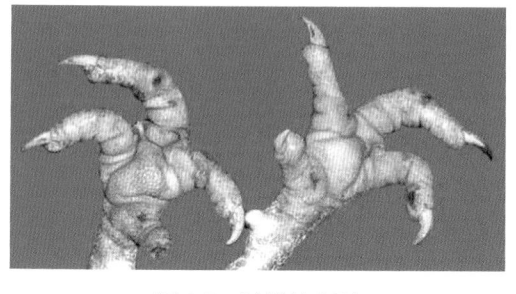

图 6-5　趾关节变形

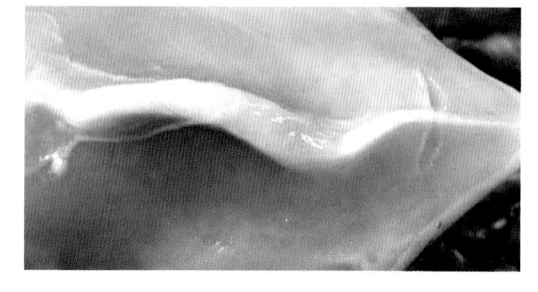

图 6-6　蛋鸡胸骨变形，弯曲

三、病理变化

主要病变在骨骼、关节。全身各部骨骼都有不同程度的肿胀，骨体容易折断，骨质软，骨密质变薄，骨髓腔变大，关节面软骨肿胀。胸骨呈S状弯曲，胸骨和肋骨局部有珠状突起，雏鸡胫骨、股骨、头骨疏松。甲状旁腺常明显增大。

四、防治

（1）配合饲料要满足家禽生长和产蛋对钙、磷和维生素D的需要，而且要保证比例适当，饲料原料钙、磷和氟含量的化验分析是配方计算的可靠依据。生长期钙和磷比应为（1.2～1.5）∶1，产蛋期钙和磷的比例可为4∶1或更高。如果缺乏化验条件，可添加1%～2%的优质骨粉，同时补充维生素D或鱼肝油。

（2）禽舍安装紫外线灯，从10日龄开始照射，每天照射10分钟，可防止维生素D缺乏。

（3）对于发病鸡群，要查明是钙缺乏还是磷缺乏，或钙磷比例不合理，或维生素D缺乏，当然最好能够化验饲料。在难查明原因的时候，可用蛋壳粉、骨粉、贝壳粉或磷酸氢钙等原料补充钙、磷。非产蛋鸡缺钙时，可将钙水平提高1%；产蛋鸡缺钙时，可将钙水平提高3%，并相应提高磷水平。另外，对病禽加喂鱼肝油或补充维生素D。按5～6克/千克在饲料中添加维生素D_3，1～2日，病鸡在4～5天后即可康复。

第九节　家禽痛风

一、概述

痛风是由于体内蛋白质代谢障碍和肾脏受到损伤，在体内产生大量尿酸蓄积并以其盐的形式沉积在内脏器官和关节中的营养代谢性疾病。临诊表现为运动迟缓、腿和翅关节肿胀、厌食、衰弱和腹泻。本病主要见于鸡、火鸡、水禽，鸽偶尔见之。

二、临床症状

因尿酸盐在体内沉积的部位不同，痛风可分为内脏痛风和关节痛风两种类型。

内脏痛风：多呈急性经过。病禽食欲不振，逐渐消瘦，冠髯苍白、贫血，精神沉郁，

排白色半液状稀粪，粪中含有多量尿酸盐
（图6-7）。泄殖腔松弛，羽毛蓬松，常
常突然死亡。

关节痛风：主要表现运动障碍、活动
困难，病禽腿、脚趾和翅关节明显肿胀，
疼痛，跛行，多蹲伏。关节初期柔软，以
后逐渐形成硬结，瘫痪，后期结节软化或
破裂，排出灰黄色干酪样物，局部形成出
血性溃疡。

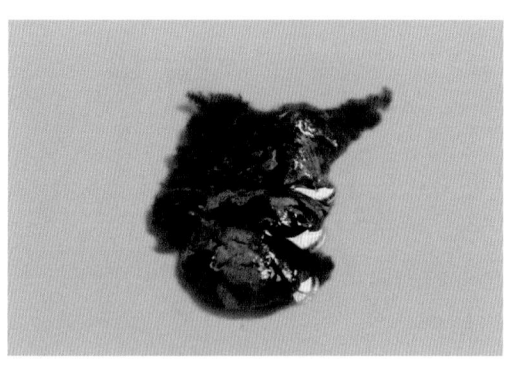

图 6-7　粪便内含有大量白色石灰渣状尿酸盐

三、病理变化

内脏痛风：肾脏肿大，色泽变淡，肾
小管增粗，蓄积多量尿酸盐，使肾表面呈
花纹状，形成典型的花斑肾；输尿管扩张，
内含石灰样物质。心、肝、肾、脾、肺、
胸膜、腹膜、肠系膜等处表面布满石灰样
的尿酸盐（图6-8）。

图 6-8　心可见一层白色尿酸盐，呈霉斑样

关节痛风：可见关节表面和关节周围
的组织中有白色的尿酸盐沉着，关节内充满白色黏稠液体，严重时关节组织发生溃疡、
坏死。

有时内脏痛风与关节型痛风病变混合出现。

四、防治

目前，对本病尚无有效治疗方法，只有做好预防，才能降低发病率和死亡率。
鸡在各生长阶段都要有科学的营养标准，不能随心所欲增加或减少饲料成分和含量尤
其是动物蛋白的含量。否则因营养缺乏使体重不达标或因蛋白过剩而出现痛风病。要
降低饲料中蛋白质的含量，尤其是减少动物蛋白原料的添加量；饲喂营养全面、平
衡、富含维生素、矿物质和微量元素的优质、新鲜饲料，保证充足的维生素 C 和维生
素 A。

第十节 肉鸡腹水综合征

一、概述

肉鸡腹水综合征又称雏鸡水肿病、肉鸡腹水症、心衰综合征和鸡高原海拔病，是以病鸡心、肝等实质器官发生病理变化、明显的腹腔积水、右心室肥大扩张、肺淤血水肿、心肺功能衰竭、肝脏显著肿大为特征的综合征，主要发生于幼龄肉用仔鸡。

二、流行病学

本病多发于冬季和早春，这与冬春季节舍内饲养通风不良而造成缺氧有关。多发于 4~5 周龄，这与此时正值肉用仔鸡迅速生长有关。在各类家禽中均可发生，但最多发、最常见的是肉仔鸡，特别是迅速生长的肉鸡。通常在发病鸡中公鸡占有较高的比例，这与其生长快、耗能高、需氧多有关。

三、临床症状

病鸡精神沉郁，羽毛蓬乱，饮水和采食量减少，生长迟缓，冠和肉髯发绀。病情严重者可见皮肤发红，呼吸速度加快，运动耐受力下降。该病特征性症状是病鸡腹围明显增大，腹部膨胀下垂，腹部皮肤变得发亮或发紫，行动迟缓呈鸟步样，有的站立不稳以腹着地如企鹅状。该病发展往往很快，病鸡常在腹水出现后 1~3 天内死亡。

四、病理变化

腹腔内淡红黄色半透明腹水，有半透明胶冻样凝块（图 6-9，图 6-10）；肝瘀血肿

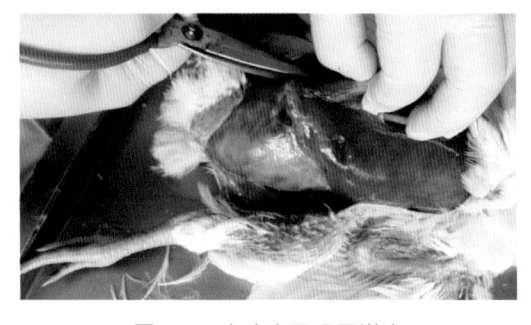

图 6-9　病鸡腹围明显增大

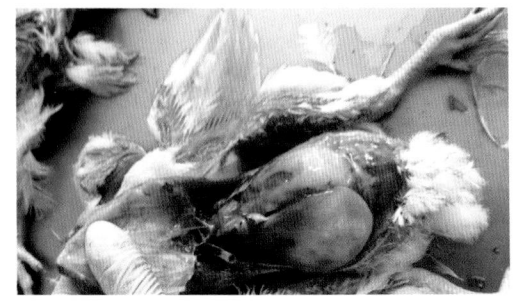

图 6-10　腹腔内淡黄色胶冻状液体

大，呈暗紫色，表面覆盖一层灰白色或黄色的纤维素膜，质地较硬；心包膜混浊增厚，心包液显著增多，心室体积增大，右心室明显肥大扩张，心肌松弛；肾肿大瘀血；肠道黏膜严重瘀血，肠壁增厚；胸肌、腰肌不同程度瘀血；皮下水肿；脾肿大，色灰暗；肺呈粉红色或紫红色，气囊混浊；盲肠扁桃体出血；法氏囊黏膜泛红；喉头气管内有黏液。

五、防治

肉鸡呼吸系统生理特点是导致腹水症发生的内在原因，所以选育对缺氧和腹水症都有耐受力的家禽品系是解决问题的根本途径。缺氧是造成肉鸡腹水综合征的重要原因，因此设计和改造鸡舍，要解决好防寒保暖与通风换气的关系，以保证充足的氧气供应。早期适度限饲，肉用仔鸡早期生长速度快，对腹水症敏感性高，采用早期限饲防治效果明显。研究表明，合理控制光照，采用间歇光照法是促进肉仔鸡生长发育、降低腹水症的有效方法。注入内源性胆汁酸的使用，可以促进脂溶性维生素的吸收，提升肝脏合成胶原蛋白的能力，可从根源上解决肉鸡后期腹水问题。

影响凸中含量

〈〈第十章

第一节 磺胺类药物中毒

一、概述

磺胺类药物是一类化学合成的广谱抗菌药物，在养禽业生产中，广泛用于防治细菌性疾病和某些寄生虫病，但如果应用不当就会引起中毒。中毒的表现主要是出血综合征和对淋巴系统及免疫功能的抑制。临床上以皮肤、皮下组织、肌肉和内脏器官出血为特征。

二、临床症状

急性中毒主要表现兴奋，冠髯青紫，食欲废绝，排黄色稀粪，有的粪中带血，共济失调，肌肉震颤、痉挛、惊厥、麻痹等。

慢性中毒病禽表现精神沉郁，食欲大减，羽毛松散；呼吸困难，面色苍白，可视黏膜黄染；粪便为酱油状或灰白色稀粪。有的面部呈灶性肿胀，头部皮肤苍白或呈蓝紫色，翅下出现皮疹。有的产蛋率下降，产软壳蛋、薄壳蛋，蛋壳褪色，受精率、孵化率降低。部分鸡死亡。

三、病理变化

特征变化为皮下、肌肉广泛出血，尤以胸肌、腿肌更为明显，呈点状或斑状（图7-1）。血液稀薄，骨髓褪色黄染。肠道、肌胃与腺胃有点状或长条状出血。肝、脾、心脏有出血点或坏死点（图7-2，图7-3）。肾肿大，输尿管增粗，充满尿酸盐。

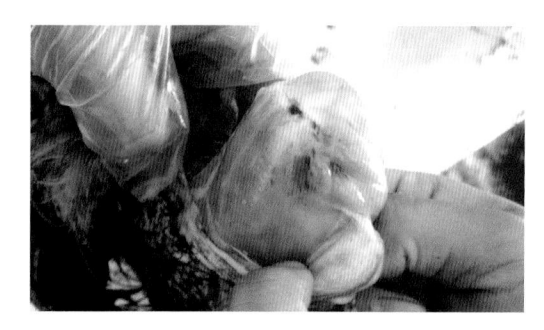

图 7-1 腿肌出血

四、防治

1. 预防

（1）严格控制磺胺类药物的使用剂量与时间，不能超规定用量使用，连续使用不能超过5～7天。同时用药期间提供充足的饮水。

（2）雏禽和体弱禽应慎用磺胺类药物，产蛋母禽以及有肝肾疾患禽应尽量避免使

图 7-2　脾脏出血

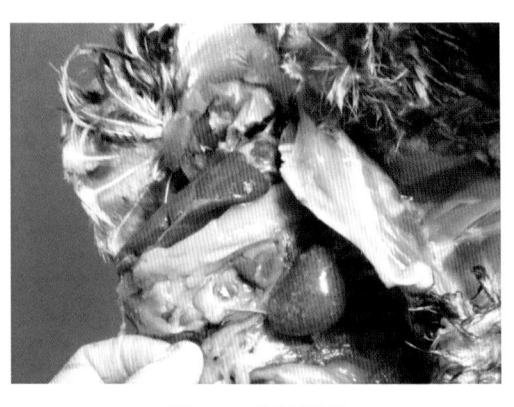

图 7-3　脾脏坏死

用磺胺类药物。

（3）多选用高效低毒的磺胺类药物，如复方新诺明、复方敌菌净、磺胺喹恶啉等。应用磺胺类药时最好同时用碳酸氢钠。

2. 治疗

（1）发生磺胺类药物中毒应立即停药，并供给充足饮水。

（2）在饮水中加入 3%～5% 葡萄糖及 0.5%～1% 小苏打（碳酸氢钠），自由饮用，连用 3～5 天。

（3）每千克饲料中加入 5 毫克维生素 K_3、200 毫克维生素 C，同时提高日粮中的维生素 B_1，连用数日直至症状基本消失。

第二节　黄曲霉毒素中毒

一、概述

黄曲霉毒素主要是黄曲霉菌和寄生曲霉菌的某些菌株（产毒菌株），在基质中生长繁殖过程中的代谢产物，目前已知黄曲霉毒素有 20 多种，引起家禽中毒的主要毒素有 B1、B2、G1、G2、M1、M2，其中 B1 毒性最强。对畜禽和人类都有毒性，主要损害肝脏。黄曲霉菌广泛存在于自然界中，禽类对本菌的敏感性顺序为雏鸭—雏火鸡—雏鸡—日本鹌鹑。鸡主要发生在 2～6 周龄的雏鸡，常常表现为急性或慢性肝中毒。

二、临床症状

雏鸡多为急性中毒，表现为生长缓慢、贫血、冠苍白，黄疸，精神不振，腹泻，便中带血，腿软不能站立，翅下垂。

成年鸡耐受性稍高，病情和缓，表现食欲减少，贫血、消瘦，开产期推迟或产蛋量下降，蛋个变小，孵化率降低，有时颈部肌肉痉挛，头向后背。若不及时更换饲料，持续时间过长，可陆续发生死亡。

雏鸭对黄曲霉毒素更敏感。采食有毒饲料后约2周，出现食欲减退和生长缓慢。病鸭采食减少，异常尖叫，啄羽，步态不稳，腿和脚呈淡青色，跛行，共济失调，肌肉痉挛，倒地、角弓反张而死。

三、病理变化

急性中毒剖检可见肝肿大，呈灰黄色，弥漫性出血和坏死，病程稍长者质地变硬，表面粗糙有颗粒感。胆囊扩张，充满稀薄胆汁。肾稍肿呈苍白色。胰脏常有出血点。肠道黏膜出血，胸部皮下及肌肉有时出血。心包腔及腹腔常有淡黄色积液。

慢性中毒可见尸体黄疸，常见肝硬变，体积缩小，颜色发黄，并呈白色点状或结节状病灶，大量纤维组织和胆管增生，心包和腹腔内有淡黄色积液，皮下有胶冻样物。胃和嗉囊有溃疡，肠道充血、出血。

四、防治

（1）预防。平时注意饲料及饲料原料的贮存和保管，防止霉变。从收获到保存，勿使其遭受雨淋、堆积发热，保存时宜在通风、干燥、低温的条件中保存。在保存过程中可在饲料中加入丙酸钙等防霉变药物。如果饲料仓库已被污染，可用福尔马林熏蒸，或用过氧乙酸喷雾消毒。饲喂时做到少给勤添，料槽、水槽每天清理，不留剩料及剩水，不喂发霉饲料。保持禽舍干燥，空气新鲜，不用发霉的垫料等。

（2）治疗。一旦发现黄曲霉毒素中毒，应立即停喂可疑饲料及清除可疑垫料等，给予病禽适量的盐类泻剂，以排出肠道毒素，并进行对症治疗，补液、强心、抗菌消炎，调整胃肠功能，增强抵抗力。饮服5%葡萄糖水、水溶性电解多维或水溶性多种维生素，连续使用数天。彻底清除禽舍粪便。对禽舍、禽笼和用具等可用2%氯酸钠溶液消毒以杀灭霉菌孢子。病死家禽要焚烧和深埋处理。

第三节　食盐中毒

一、概述

食盐是机体不可缺少的物质之一，适量的食盐有增进食欲，增强消化机能促进代谢等的重要功能。禽对其敏感，尤其是幼禽。鸡对食盐的需要量占饲料的 0.25% ~ 0.5%，以 0.37% 最为适宜，若过量则极易引起中毒甚至死亡。配合饲料时使用的鱼粉中含盐量过高或限制饮水不当也会造成食盐中毒。或者，饲料中其他营养物质如维生素 E、Ca、Mg 及含硫氨基酸缺乏，也会因食盐敏感性提高而引发中毒。

二、临床症状

病禽表现为燥渴而大量饮水和惊叫。口鼻内有大量的黏液流出，嗉囊软肿，拉水样稀粪。运动失调，时而转圈，时而倒地，步态不稳，呼吸困难，虚脱，抽搐，痉挛，昏睡而死亡。雏鸭中毒后还表现不断鸣叫，盲目冲撞，头向后仰，后期呈昏迷状态，有时出现神经症状，嘴不断地张合，头颈弯曲，仰卧挣扎，最后衰竭死亡。

三、病理变化

剖检可见皮下组织水肿，食道、嗉囊、胃肠黏膜充血或出血，腺胃表面形成假膜；血黏稠、凝固不良；肝肿大，肾变硬，色淡。病程较长者，还可见肺水肿，腹腔和心包囊中有积水，心脏有针尖状出血点。

四、防治

（1）发现中毒后立即停喂原有饲料，换无盐或低盐分易消化饲料至康复。

（2）供给病禽 5% 的葡萄糖或红糖水以利尿解毒，病情严重者另加 0.3% ~ 0.5% 醋酸钾溶液逐只灌服，中毒早期服用植物油缓泻可减轻症状。

（3）严格控制饲料中食盐的含量，尤其对幼禽。一方面严格检测饲料原料鱼粉或其副产品的盐分含量；另一方面配料时加食盐也要求粉细，混合要均匀。

（4）平时要保证充足的新鲜洁净饮用水。

主要参考文献

陈建红，张济培. 2001. 禽病诊治彩色图谱 [M]. 北京：中国农业出版社.

陈玉库，周新民. 2008. 鸭鹅疾病 [M]. 北京：中国农业出版社.

崔治中. 2010. 禽病诊治彩色图谱 [M]. 第 2 版. 北京：中国农业出版社.

甘孟厚. 1999. 中国禽病学 [M]. 北京：中国农业出版社.

胡凤娇. 2013. 家禽传染病防治手册 [M]. 北京：中国农业出版社.

孙桂芹. 2011. 新编禽病快速诊治彩色图谱 [M]. 北京：中国农业大学出版社.

辛朝安. 2003. 禽病学 [M]. 第 2 版. 北京：中国农业出版社.

谢三星，孙跃进. 2008. 家禽多种病原混合感染症 [M]. 合肥：安徽科学技术出版社.

赵玉军. 2005. 国家法定禽病诊断与防制 [M]. 北京：中国轻工业出版社.